Couvertures supérieure et inférieure
manquantes.

LEÇONS

DE CHOSES

POUR LE JEUNE AGE

LES QUATRE ÉLÉMENTS.

LEÇONS

DE CHOSES

POUR LE JEUNE AGE

PAR

F. DE CLÉVILLE

TOURS

ALFRED CATTIER, ÉDITEUR

—

1886

A MA FILLE

Souvent, ma chère petite, lorsque nous nous promenons ensemble ou même dans l'intérieur de la maison, tu me poses des questions sur tout ce que tu vois ; n'est-ce pas, du reste, le propre des enfants intelligents? Il me souvient qu'un de tes cousins, ayant à peine deux ans, disait devant tout ce qu'il rencontrait : « Pourquoi faire çà? » il n'était heureux qu'avec une explication à sa portée ; toi, ma fillette, qui es plus grande, qui parles bien et même trop plus d'une fois, tu partages la curiosité des enfants et tu veux connaître les *pourquoi* et les *comment* de toutes choses. Je ne t'en blâme pas, le désir d'apprendre est bon et légitime. Aussi n'ai-je entrepris cet ouvrage que pour te donner des notions élémentaires sur les choses dont tu te sers ou qu'on emploie autour de toi ; des enfants plus âgés trouveront à s'instruire par cette lecture ; il est des choses d'un usage si commun qu'on finit par croire qu'elles ont toujours existé sans que l'homme ait travaillé pour les produire ; ce petit volume te donnera donc l'origine ou la fabrication première de bien des objets d'une nécessité absolue. Je m'applaudirai d'avoir enrichi ta jeune intelligence de connaissances utiles si tu prends intérêt au contenu de ce livre.

F. DE CLÉVILLE.

LEÇONS DE CHOSES

POUR LE JEUNE AGE

LA TERRE

Je veux d'abord appeler ton attention, chère petite, sur la terre que nous habitons, sur la terre qui produit les belles fleurs que tu aimes tant et les grands arbres sous lesquels tu joues avec tes petites amies. Tu as appris dans l'*Histoire sainte* que Dieu créa le premier jour le ciel et la terre, et qu'il fit ensuite la lumière pour éclairer son œuvre. La terre était aride, mais le troisième jour, le Créateur réunit pour en former la mer, toutes les eaux éparses, en entoura la terre et créa les arbres et les plantes. La terre est quarante-neuf fois plus grosse que la lune, mais plus d'un million de fois plus petite que le soleil ; pour te donner une idée de sa grosseur, tu sauras qu'un

homme marchant jour et nuit, sans interruption,
à raison de 8 kilomètres à l'heure, mettrait deux
cent huit jours à en faire le tour ; un cheval, faisant 12 kilomètres à l'heure, mettrait, dans les
mêmes conditions, cent quarante jours ; enfin un
train de chemin de fer, avec une vitesse moyenne
de 25 kilomètres à l'heure, mettrait soixante-six
jours.

La terre est ronde et je vois à ton air étonné
que tu as peine à me croire. Mais par un exemple
je vais te le faire comprendre. Prends une orange
et regarde-la avec attention : tu remarques que
son écorce est couverte de petites aspérités plus
ou moins grosses et cependant l'orange est ronde.
Il en est de même de la terre ; mais comme
elle est très grosse, les plus hautes montagnes,
dont plusieurs dépassent 8,000 mètres de hauteur, ne paraissent pas plus à sa surface que les
aspérités sur ton orange. La partie de la terre
qui n'est pas recouverte d'eau est divisée en
plaines et plateaux fertiles et en montagnes généralement stériles. Les premiers sont cultivés par
les hommes et produisent le blé, avec lequel on
fait le pain, les fruits et légumes que nous man-
geons, et toutes les plantes servant à la nourriture des animaux.

Sur le versant des montagnes, il existe des
forêts, dont les arbres servent à construire les

charpentes de nos maisons, les vaisseaux de notre
marine, les meubles de nos appartements. Nous
nous chauffons avec les branches, et l'industrie
utilise jusqu'aux plus petits morceaux pour faire
les jouets d'enfants et mille autres objets divers.
Enfin, avec la terre, on fait les tuiles qui couvrent
nos maisons, les briques, faïences et porcelaines
dont je te parlerai un autre jour.

L'AIR

La terre est entourée d'air que nous respirons
et sans lequel nous ne pourrions vivre. La couche
d'air, appelée aussi *atmosphère*, a une épaisseur
de 25 à 30 lieues. Les oiseaux vivent dans l'air
comme les poissons dans l'eau, ils y volent, c'est
leur élément. L'air est transparent et fort léger;
cependant il est plus lourd que les nuages, puisque ces derniers flottent dans l'air. Si tu veux te
rendre compte du poids de l'air, emplis un verre
d'eau, pose dessus une feuille de papier et une
ardoise ou tout autre objet plat, retourne le tout,
ôte l'ardoise, il ne restera plus que le papier, mais
il suffira à retenir l'eau dans le verre. C'est l'air

qui retient le papier collé contre l'eau du verre. L'air chaud est plus léger que l'air froid, et quoiqu'il soit invisible, on peut s'en rendre compte en brûlant un papier : les parcelles de papier brûlé s'élèveront plus ou moins haut ; or, quelque légers qu'ils soient, ces débris ne montent pas d'eux-mêmes : il y a donc un courant qui les envoie en haut, c'est une colonne d'air chaud qui s'élève et les entraîne avec elle. Lorsque l'on allume une cheminée, l'air chaud s'élève dans les tuyaux avec la fumée et est immédiatement remplacé par de l'air froid, c'est ce qui constitue le tirage de la cheminée. Lorsque l'on chauffe un appartement, l'air chaud monte au plafond, l'air froid reste sur le plancher, et si l'on ouvre une porte, il s'établira un double courant : l'air chaud sortira en haut et l'air froid entrera en bas. Pour s'en rendre compte, on prend une bougie allumée, et si on la place en haut de la porte, la flamme s'inclinera en dehors ; si, au contraire, on la pose sur le plancher, la flamme s'inclinera en dedans.

C'est en partant de ce principe qu'on est arrivé à la découverte des ballons, l'air chaud est donc plus léger que l'air froid.

Tout changement de température de l'air produit donc un déplacement d'air, c'est ce que l'on désigne sous le nom de *vent*. Il est plus ou moins fort suivant que le déplacement est plus ou moins brusque. Alors le vent agite les arbres, que l'on voit se balancer avec un bruit de feuilles en été, et un sifflement plaintif en hiver. C'est le vent qui chasse les nuages dans le ciel, c'est encore lui qui gonfle les voiles des navires. et les fait glisser à la surface des flots. C'est lui qui met en mouvement les ailes des moulins, et le meunier peut ainsi changer en farine le blé récolté sur la terre. Quelquefois le déplacement de l'air est si grand qu'il renverse tout sur son passage, on lui donne alors le nom d'*ouragan;* il brise et déracine les plus grands arbres, il enlève les toitures des maisons, renverse les grandes cheminées des usines, soulève les flots de la mer, où les navires sont souvent engloutis et perdus corps et biens. Ce courant d'air s'étend parfois sur de grands espaces et atteint plusieurs milliers de mètres de hauteur. Dans les régions supérieures, rien ne faisant obstacle au vent, il acquiert une très grande vitesse. Tu peux t'en rendre compte en regardant les nuages courir sur le ciel, alors que le vent souffle sur la terre ; les nuages les plus élevés passent plus rapidement devant tes yeux que ceux qui sont plus rapprochés de nous.

L'EAU

Je t'ai déjà dit, mon enfant, que la terre était aux trois quarts entourée d'eau, c'est ce que l'on appelle la mer, et j'ai ajouté que les innombrables fleuves et rivières qui arrosent la terre venaient se jeter dans la mer et la maintenaient dans un niveau constant.

Mets de l'eau dans une assiette; place-la dans un endroit hors d'atteinte: au bout de quelques jours tu ne trouveras plus d'eau, elle a été dissoute par l'air et le soleil, elle s'est évaporée. Le même phénomène se produit sur la mer, l'air et le soleil aspirent l'eau, qui passe à l'état de vapeur, laquelle est plus légère que l'eau et va former les nuages. La mer, dans un temps plus ou moins long, finirait par être desséchée, sans les fleuves qui viennent lui rendre ce qu'elle perd par l'évaporation. Les rivières elles-mêmes seraient bientôt à sec si les sources se tarissaient. Or les sources sont alimentées par les eaux tombées des nuages, eaux qui traversent les couches perméables de la terre et s'emmagasinent dans des réservoirs souterrains. Les nuages rendent donc en pluie l'eau qu'ils ont prise sous forme de vapeur. L'air contient toujours de la vapeur d'eau en plus ou moins grande quantité. S'il fait chaud, l'évaporation est plus grande; si au contraire le temps se refroidit, la vapeur redevient eau et produit la rosée ou le brouillard. Quand un vent froid passe sur les nuages, les gouttelettes qui les composent deviennent plus lourdes et finissent par tomber : c'est la pluie.

Lorsque en hiver tu vois ton haleine former un petit brouillard, cela vient de ce que la vapeur d'eau qui s'échappe de ta bouche commence à redevenir liquide au contact de l'air froid. Cela est si vrai que si tu souffles sur un corps froid, un carreau, par exemple, tu verras se former de petites gouttelettes d'eau, qui couvriront bientôt la vitre d'une nappe liquide.

Le même phénomène se produit lorsqu'on veut distiller un liquide quelconque. On se sert d'un alambic. C'est un instrument composé d'une chaudière hermétiquement fermée et terminée par un long tuyau, appelé *serpentin*. Ce tuyau est plongé dans un réservoir d'eau froide. On emplit aux deux tiers la chaudière du liquide à distiller et on pousse à l'ébullition. La vapeur qui se dégage passe dans le tuyau, où elle se refroidit au contact de l'eau et s'écoule par l'extrémité inférieure.

Tu as vu tomber la neige, et, s'il m'en souvient, tu trouvais cela fort joli. La neige n'est que de l'eau de pluie qui, en traversant une couche d'air froid, commence à se solidifier, à se geler. La grêle est aussi de la pluie gelée ; en partant des nuages, elle traverse une couche d'air si froide qu'elle arrive à terre en glaçons. Les eaux des rivières gèlent rarement en France ; cependant durant l'hiver de 1879 à 1880, presque tous les grands fleuves furent gelés. La Loire offrait un curieux amoncellement de glaçons, qui pouvait donner en petit l'idée du spectacle grandiose que présentent les mers polaires, lorsque l'hiver règne sur ces contrées. Les glaces y forment de vraies montagnes, fort dangereuses pour les navires qui s'aventurent sur ces mers à cette époque : il y restent de longs mois prisonniers et doivent attendre la fonte des glaces pour rentrer au port.

L'eau est notre boisson naturelle, elle sert aussi à cuire nos aliments, à laver le linge, et on l'a utilisée pour faire tourner les roues des moulins et de quantités d'usines où l'on fabrique toutes sortes d'objets utiles.

Les bateaux chargés de marchandises diverses descendent le cours des rivières pour faciliter le commerce, et là où les rivières manquent, ou si leur cours ne peut être utilisé, à cause de la rapidité du courant ou du peu de profondeur de leur lit, les hommes ont creusé des rivières factices appelées *canaux*, qui n'ont presque pas

de courant et ne dépensent que peu d'eau. Comme
ces canaux ne pourraient avoir sur tout leur parcours un niveau constant, ils sont coupés de loin
en loin par des *écluses*, sortes de cloisons en
madriers que l'on ouvre lorsqu'un bateau se présente et que l'on referme sitôt qu'il est passé.

LE FEU

Le feu est le quatrième élément, aussi nécessaire que les trois autres à notre vie et à nos
besoins. Le soleil nous échauffe tout en nous
éclairant; c'est lui qui, après l'hiver, donne à la
terre la chaleur nécessaire pour développer sa
fécondité. Sans lui, rien ne pousserait, ni les
feuilles des arbres, ni le blé, ni les fleurs, ni les
légumes. Vers le pôle, dans les régions où les
rayons du soleil arrivent sans chaleur, la végétation est presque nulle, tandis que sous l'équateur elle est luxuriante. Sans la chaleur du
soleil il ferait si froid que nous ne pourrions
vivre ; aussi en hiver devons-nous faire du
feu, pour combattre le vent, la neige et la pluie.
Le feu ne pourrait exister sans l'air. Si tu

allumes une bougie par exemple, et que tu
places dessus un globe de pendule, tu verras
la flamme perdre sa clarté, jaunir et s'éteindre
en laissant une petite fumée blanchâtre. De même
si tu mets un morceau de charbon bien allumé
sous un verre, il s'éteindra comme la bougie.

On appelle *combustible* tout ce qui peut
brûler au contact de l'air : bois, charbon, huile,
essence minérale, charbon de terre, etc. Le
bois, après la combustion, laisse comme résidu
de la cendre, qui ressemble assez à de la terre ;
et comme rien n'est perdu dans les œuvres de
Dieu, au lieu de jeter cette cendre au vent, on
l'étend sur les prés qu'elle améliore ; en la faisant bouillir, on obtient la *lessive* qui a la propriété de nettoyer le linge. La houille laisse des
scories qui ressemblent à des pierrailles ; d'autres
substances brûlent sans laisser de résidus.
Ce sont les bougies, le pétrole, l'huile.

Le pain, la viande, les légumes ont besoin
d'être cuits pour que nous puissions les manger.
Sans le feu nous n'aurions pour aliments que
des fruits, et tu préfères certainement une côte-
lette ou un bon gigot de mouton, lesquels sont
aussi plus nourrissants.

Il faut du feu pour travailler le fer et le trans-
former en outils de toutes sortes ; il faut le feu
pour mettre en mouvement les machines à va-

peur, qu'elles soient utilisées sur un vaisseau ou pour une locomotive, ou dans les usines.

Sans le feu on ne pourrait faire le verre, dont on garnit les fenêtres, la chaux et le plâtre, dont on se sert pour construire les maisons. Il faut le feu pour cuire les porcelaines, les poteries et les tuiles, pour faire le savon qui nettoie le linge et sert à notre toilette ; pour mettre en marche les machines des imprimeurs, des fabricants de papier, de chapeaux, de soieries et tissus divers.

Parmi les bois qui servent à notre chauffage, il faut distinguer les bois durs et les bois tendres ; les premiers : chêne, charme, ormeau, sont d'une combustion lente, et donnent des charbons qui conservent longtemps leur chaleur, surtout si on les couvre de cendres ; aussi sont-ils très bons à brûler dans les cheminées. Les bois tendres : peuplier, saule, bouleau, brûlent en dégageant une vive flamme, mais se consument rapidement sans laisser de charbons ; aussi les emploie-t-on de préférence pour la cuisine, pour allumer facilement le feu. Il faut avoir soin que l'air circule bien entre les menues branches d'un fagot ; je l'ai déjà dit, sans air on ne peut faire de feu.

Une feuille de papier brûle rapidement, n'est-ce pas ? Eh bien ! jette un livre dans un grand brasier et retire-le au bout de quelques minutes : il sera noirci, gâté sur les bords, mais les feuillets n'auront pas été brûlés, parce que l'air n'a pas pénétré entre eux. Lorsque tu trouves que le feu ne va pas bien, que fais-tu? tu prends le soufflet et tu lances de l'air sur le feu pour accélérer la combustion : les charbons, d'un rouge sombre d'abord, passent au rouge vif, puis au blanc ardent ; l'air a ranimé le feu. Si au contraire tu trouves que le feu répand trop de chaleur, que fais-tu? tu le couvres de cendres, tu empêches l'air d'y arriver.

D'après l'étude des savants, il paraît certain que le milieu de la terre n'est autre que du feu et ce qui confirme cette opinion, ce sont les *volcans*.

On appelle volcans des feux souterrains qui se font jour à la surface de la terre, au sommet des montagnes et vomissent des flammes, des rochers, des cendres et de la fumée. Ces volcans se trouvent presque toujours dans le voisinage de la mer. L'explication en est que les eaux pénétrant à travers les couches terrestres, par des fissures et des crevasses, arrivent à des pro- ondeurs où la chaleur est excessive. Sous l'in- fluence de cette chaleur, cette eau se transforme en vapeur. Celle-ci douée d'une force élastique considérable, chasse avec violence tout ce qui lui fait obstacle, brise l'écorce de la terre et forme un volcan.

L'orifice par lequel s'échappent la lave et les flammes porte le nom de *cratère*.

Lorsqu'un obstacle quelconque vient boucher les fissures par où l'eau passait, la cause étant détruite, l'effet ne se produit plus : le volcan ne jette plus de feu ni de fumée, il est éteint. Il y en a comme cela plusieurs dans le centre de la France, dans les montagnes de l'Auvergne.

———

LES ASTRES

Le *soleil* est un globe de feu, immobile dans l'espace ; tous les autres astres tournent autour de lui. Le soleil est l'astre du ciel le plus voisin de nous : il est plus petit que les étoiles ; s'il était aussi loin de nous que les plus lointaines d'entre elles qu'on peut distinguer, nos yeux ne le verraient pas. On a calculé qu'il est un million trois cent mille fois plus gros que la terre et il en est placé à trente-sept millions de lieues. Cette distance est insignifiante si on la compare à celle qui sépare la terre de l'étoile la plus voisine, puisque sa lumière met trois ans et demi à nous arriver et que celle du soleil ne met que huit minutes. La terre a deux mouvements : l'un dit de *rotation*, sur elle-même, l'autre dit de *révolution*, autour du soleil. Le premier est exécuté en vingt-quatre heures, soit un jour, et pour le second il faut trois cent soixante-cinq jours. soit une année. La terre suit une ligne qui a la forme d'une ellipse, ou, pour mieux te faire comprendre, celle d'un œuf partagé par la moitié, un ovale. Supposons une table de même forme, le soleil au milieu est représenté par une lampe allumée. Représentons la terre par une orange dans laquelle tu as placé une aiguille à tricoter. La partie de l'orange faisant face à la lampe sera éclairée : c'est le jour; et la partie opposée sera dans l'obscurité : c'est la nuit. Donc une partie de la terre est plongée dans les ténèbres tandis que l'autre est en pleine lumière. La terre tournant sur elle-même, tu comprends bien que tour à tour nous passons de la nuit au jour et du jour à la nuit. Lorsque nous sommes arrivés en face du soleil, il est midi; tandis qu'il est minuit au point opposé, qu'on appelle nos *antipodes*. Le jour pour nous diminuera peu à peu et lorsque nous serons arrivés au soir, il commencera à faire jour pour les autres personnes placées à nos antipodes. Toutes les vingt-quatre heures, nous revenons en face du soleil, à midi.

Maintenant, considère ton orange ; tu remarqueras que la lumière est plus vive au point dont nous parlions tout à l'heure, à midi, qui est le point correspondant à l'équateur, qu'aux deux extrémités, près de l'aiguille à tricoter, c'est-à-dire aux pôles. Cela vient de ce que la lumière tombe d'aplomb sur l'équateur et qu'aux pôles les rayons n'arrivent qu'obliquement. La chaleur agit de même, et les pays les plus chauds de la terre sont ceux qui reçoivent d'aplomb les rayons du soleil, sous l'équateur. Les pays les plus froids sont situés au pôle, sur le sol où la chaleur ne fait que glisser obliquement. La France se trouve à mi-chemin des pôles à l'équateur, dans une zone tempérée, c'est-à-dire que ni le froid ni la chaleur n'y sont extrêmes.

La terre est légèrement inclinée vers le soleil. Si tu fais tourner ton orange autour de la table, il arrivera un moment où la zone tempérée recevra presque directement la lueur de la lampe : cela nous représente l'*été* ; à un autre endroit, six mois plus tard, au contraire, cette même portion ne recevra que très obliquement la lumière : cela représente l'*hiver* et les positions intermédiaires seront le *printemps* et l'*automne*, soit les quatre saisons. L'hiver, les jours sont courts et les nuits longues en raison de la position de la terre recevant obliquement les rayons du soleil. En été, au contraire, étant plus directement éclairée, les jours sont longs et les nuits courtes. En automne et au printemps, il arrive un moment où les jours sont égaux aux nuits ; puis l'inégalité recommence.

La *lune* est une planète qui tourne autour de la terre et la suit dans son mouvement autour du soleil. La lune est beaucoup plus petite que la terre (quarante-neuf fois moins); mais elle est bien plus rapprochée de nous que le soleil (quatre-vingt-quinze mille lieues). C'est pourquoi elle nous paraît presque aussi grosse que lui. Elle fait son évolution autour de nous en vingt-neuf jours et demi. La lune, comme la terre, est un corps opaque et non lumineux; si elle nous éclaire pendant la nuit, c'est parce qu'elle nous renvoie la lumière qu'elle reçoit du soleil. Si nous pouvions nous transporter dans une autre planète, nous apercevrions la terre brillante comme une étoile, et cependant elle n'a de lumière que celle que lui envoie le soleil. La lune tournant autour de la terre, il arrive un moment où elle ne peut nous éclairer ; elle est alors invisible, c'est la *nouvelle lune ;* puis nous commençons à distinguer un mince croissant, qui augmente chaque jour, c'est le *premier quartier;* lorsque nous la voyons en entier, c'est la *pleine lune;* puis elle diminue peu à peu, c'est le *dernier quartier*.

Toutes les étoiles sont des soleils; mais placées loin de nous, elles nous paraissent immobiles et de petite dimension.

——

LA PIERRE

As-tu jamais réfléchi, ma chère petite, comment on s'y était pris pour construire la maison que tu habites et quels étaient les matériaux qui avaient servi à en établir les fondations et les trois étages? Non, n'est-ce pas? Écoute-moi bien, nous allons en parler aujourd'hui. Et d'abord, pour bâtir il faut des pierres, pierres grossièrement cassées, qui, mêlées au mortier, feront les murs. Le mortier lui-même est un composé de chaux et de sable qui devient dur en séchant et relie les pierres entre elles, les colle, pour ainsi dire. La chaux s'obtient en faisant cuire dans des fours bâtis exprès une espèce de pierre dite pierre calcaire ou à chaux Cette pierre une fois cuite, est plus légère et a la propriété d'absorber une grande quantité d'eau en s'échauffant, se fendillant et tombant en poudre. La chaleur devient si intense, que d'épais jets de vapeur s'échappent en sifflant. En y ajoutant encore de l'eau on réduit cette poudre en pâte épaisse et c'est cette pâte qu'on mélange au sable pour faire le mortier.

Voilà donc comment on fait les murs. Mais il faut, pour assurer la solidité du bâtiment, construire les angles en pierres de taille, ainsi que les ouvertures, portes et fenêtres. La pierre de taille est une pierre dure, résistant à la gelée et susceptible d'être taillée et sculptée. Il y en a une grande variété : les unes ont un grain fin, serré et uniforme : on en fait des marches d'escalier et des balcons ; d'autres ont un grain irrégulier entremêlé de morceaux de couleurs différentes : on en fait des dallages ; les unes sont d'une couleur blanche éclatante, d'autres sont au contraire gris foncé comme le granit, ou rouges comme le grès. La pierre de taille se trouve rarement à fleur de terre ; il faut l'aller chercher à de grandes profondeurs ; l'endroit d'où on l'extrait s'appelle *carrière;* on la tire en blocs énormes, que l'on scie et taille, lorsqu'elle est encore fraîche et humide.

Le marbre dont on fait les cheminées est aussi une pierre formée de chaux, mais d'un grain extrêmement fin, serré et dur ; les veines, les taches qui le caractérisent sont dues à des infiltrations d'eau chargée de matières colorées. Le marbre blanc est fort rare, on en fait des statues et autres œuvres d'art ; tu remarqueras que les marbres de couleur sont employés pour les cheminées, les dessus de meubles, les monuments funèbres ; on en fait des autels, des colonnes splendides, des ex-voto dans nos églises ; combien d'ornements qui embellissent nos habitations sont encore composés avec le marbre.

Notre maison a donc ses ouvertures et ses murs construits ; mais, pour ménager l'espace, tout en la rendant plus logeable, il faut élever des étages ; plus les villes sont importantes et plus les étages sont nombreux ; c'est ainsi qu'à Paris on voit des maisons qui en ont jusqu'à six et sept.

On sépare la construction dans sa hauteur par des poutres et des chevrons en bois de chêne ou de sapin, ou même en fer ; on couvre ces chevrons de lames de bois assemblées et travaillées au rabot, c'est ce qui fait les planchers ; sous ce plancher on cloue sur les chevrons des lattes qui recevront le plâtre destiné à faire le plafond. Pour relier les étages les uns aux autres on établit un escalier, composé d'un certain nombre de marches uniformes entre elles. A chaque étage, il existe une surface plate nommée *palier*, sur lequel viennent ouvrir les portes des chambres. Chaque étage est divisé en chambres par des cloisons de petits murs légers faits avec des briques reliées entre elles par du plâtre. Je te dirai plus loin ce que sont ces objets et comment on les fabrique. Quand les étages sont terminés, il faut couvrir la maison. Les maçons ont fini leur besogne, celle des charpentiers va commencer : ils ont déjà posé les poutres, les solives et les chevrons, il faut s'occuper de la toiture ; pour cela ils assemblent entre eux de gros morceaux de bois, qu'ils ont équarris à la hache. Les joints sont faits à la scie et des chevilles solides relient ces morceaux les uns aux autres : ce sont les *fermes*. Ces fermes sont reliées entre elles par des poutres appelées *pannes*, sur lesquelles on clouera les chevrons, qui soutiendront les lattes et les tuiles ou les ardoises. Ce sera maintenant le tour des couvreurs, puis des menuisiers, qui poseront les fenêtres, les portes et lambris, qu'ils auront faits à leur atelier. Le vitrier placera les carreaux des fenêtres, afin de nous préserver du froid tout en laissant pénétrer la lumière. Ensuite le plâtrier fera mille ornements aux plafonds, corniches, etc. Le serrurier sera également appelé pour poser les serrures et ferrer les fenêtres ; le plombier, pour les gouttières. Le peintre enduira de couleurs variées les boiseries, tant pour les embellir que pour assurer leur conservation, car la pluie et le soleil les auraient bientôt endommagées, surtout dans les parties exposées à l'air; ailleurs le peintre collera des papiers de tenture. Enfin le tapissier succédera aux autres ouvriers pour meubler et rendre confortable chaque pièce de la maison.

Tu le vois, il faut longtemps, lorsque l'on fait bâtir, avant de pouvoir habiter sa maison, encore est-il fort dangereux de s'y installer trop tôt: car on s'expose à gagner des rhumatismes et souvent des maladies plus graves en couchant dans une maison neuve où les murs ne sont pas parfaitement secs.

LE PLATRE

La pierre à plâtre n'est pas la même que la pierre à chaux. On la trouve en abondance aux environs de Paris. De même que pour la chaux, on calcine, on fait cuire les pierres à plâtre. On construit une sorte de four ou plutôt de chambre formée de murs sur lesquels on a placé une toiture inclinée, faite de préférence de plaques métalliques. Sur le sol on dispose avec de grosses pierres à plâtre de petites voûtes ayant 1 mètre

de large au maximum et un peu plus de hauteur,
et on pose sur ces voûtes d'autres pierres à
plâtre en laissant entre elles des espaces vides ;
les plus grosses pierres sont placées les premières et les petites en haut, jusqu'à 3 à 4 mètres
d'élévation. On allume des fagots sous les voûtes
et on y entretient le feu jusqu'à ce que le plâtre
soit calciné, ce qui s'obtient en peu de temps,
car la flamme et la chaleur trouvent un passage
facile dans les vides laissés en empilant les
pierres. Une fois cuites, les pierres sont écrasées
sous des meules pesantes qui les réduisent en
poudre, que l'on tamise ensuite pour en retirer
toutes les impuretés. On obtient alors le plâtre
tel qu'il doit être employé.

Il faut éviter soigneusement de laisser le plâtre
trop longtemps exposé à l'air et surtout à l'humidité, car en absorbant peu à peu l'eau, il devien-
drait incapable de se prendre et ne présenterait
plus qu'une poussière inerte.

Tout le monde connaît la manière d'employer
le plâtre ; on sait qu'il suffit de l'ajouter en poudre
à une certaine quantité d'eau pour qu'il présente
en peu de temps la consistance d'un mortier
ordinaire, on le gâche avec une truelle et l'on se
hâte de l'employer, car il ne tarderait pas à devenir aussi dur que la pierre. Le plâtre s'emploie
clair ou épais suivant l'usage auquel on le des-

tine : pour sceller des menuiseries, par exemple, on ne mouille que pour former une pâte ferme, c'est ce que les ouvriers appellent *gâcher serré*; pour les moulures et ornementations, on y met plus d'eau, c'est ce qu'on appelle *gâcher clair*; pour les enduits de cloisons on mouille encore davantage.

Le plâtre est pour beaucoup dans l'embellissement des maisons; c'est avec lui qu'on fait ces plafonds blancs et unis, c'est avec lui encore qu'on fait la rosace du milieu et les corniches variées à l'infini. Le plâtrier, pour les moulures, passe sur la pâte encore molle des instruments en bois, entaillés de manière à fournir les dessins désirés. Le plâtre durcit rapidement mais sèche lentement, c'est pourquoi il est si malsain d'habiter trop tôt une maison neuve. Il ne peut être employé qu'à l'intérieur.

La propriété de durcir vite, jointe à celle de rendre fidèlement l'empreinte des objets sur lesquels on l'étend, permet d'employer le plâtre pour reproduire des statues, des objets d'art, des sculptures, etc. Pour cela on fait des moules en coulant du plâtre très-liquide sur les objets à reproduire; mais ces objets ont été auparavant recouverts d'une couche d'huile et de matières grasses pour empêcher le plâtre d'y adhérer. S'il s'agit d'une statue, avant que l'enveloppe soit durcie, on y opère des sections afin de composer le moule de plusieurs morceaux et de pouvoir l'ouvrir comme l'on ferait d'une boîte. On obtient ainsi en creux l'empreinte exacte de la statue ; puis l'intérieur du moule est enduit de matière grasse et on y verse, par une ouverture faite exprès, du plâtre liquide en ayant soin de l'agiter à l'intérieur afin d'obtenir rapidement une couche régulière. On recommence plusieurs fois pour obtenir une épaisseur suffisante. Lorsqu'on enlève les diverses pièces du moule, il reste à gratter au couteau les joints ou raccords et enfin la reproduction exacte de la statue apparaît. On peut avec le même moule obtenir un grand nombre d'exemplaires du même objet, ce qui permet aux particuliers et aux musées de se procurer à bas prix des imitations parfaites des chefs-d'œuvre de la statuaire.

LES BRIQUES ET LES TUILES

Tu as visité l'été dernier une tuilerie. Tu te rappelles le four dans lequel tu es descendue, où il faisait si chaud; tu as remarqué les machines qui broyaient les terres. Je vais t'expliquer aujourd'hui comment on s'y prend pour fabriquer les tuiles, les briques et les carreaux.

Il faut, pour faire les tuiles, de l'argile ou terre glaise, laquelle est commune, rougeâtre, plus ou moins mêlée de petites pierres, qu'il faut enlever. On commence en hiver et au printemps par extraire l'argile, qui se trouve ordinairement dans la terre à peu de distance du sol; puis au fur et à mesure des besoins, on délaye cette argile avec peu d'eau dans des bassins creusés exprès, de façon à lui donner la consistance d'une pâte épaisse. Généralement, ce sont des enfants de douze à quinze ans qui avec leurs pieds font ce travail, en marchant longtemps dans ces terres; ils rejettent les pierrailles qu'ils y rencontrent.

Lorsque la terre est bien mélangée, on la fait passer dans un instrument appelé *malaxeur* composé de deux cylindres en fer fort rapprochés l'un de l'autre, qui broient tous les petits cailloux qui pourraient exister encore. La terre tombe dans un réservoir rond où tournent en sens contraire des couteaux en fer qui la brisent encore et ne la laissent échapper que par une petite ouverture pratiquée au bas. A ce moment la terre apparaît à l'état de pâte épaisse et parfaitement unie. L'ouvrier mouleur s'en empare et en fait des tuiles, des briques ou des carreaux au moyen de petits moules en fer.

Il faut alors procéder au séchage. S'il fait beau
temps, on expose simplement au soleil, sur une
place unie, les objets moulés et au bout de quelques
jours on peut les mettre au four. Mais si la pluie
est à craindre, il faut faire sécher au dedans.
C'est pourquoi chaque tuilerie est entourée de
vastes bâtiments sans murailles appelés halles ;
les toitures descendant presque jusqu'à terre
sont supportées par des piliers en bois ou en
pierre, afin d'obtenir un courant d'air plus fort et
permanent. Pour diminuer l'étendue de ces halles,
on construit à l'intérieur des échalas, c'est-à-dire
des supports en bois disposés en étages superposés de façon que les marchandises moulées
soient en contact de tous côtés avec l'air et
sèchent plus vite.

Le four mesure 2 mètres sur $2^m,50$ environ ;
il est un peu plus large au fond qu'à la cime ; il
a de 4 à 5 mètres de hauteur. Les murs ont généralement 1 mètre à $1^m,30$ d'épaisseur pour pouvoir résister à l'action du feu ; ils sont faits à
l'intérieur avec des briques réfractaires, ainsi
appelées parce qu'elles se durcissent au feu ; à
l'extérieur les murs sont en moellon et mortier
de chaux. On construit dans le four une ou deux
voûtes en pierre à chaux, sur lesquelles on dispose les tuiles, briques, etc., suffisamment sèches,
par rangs régulièrement espacés pour laisser cir-

culer la flamme et l'air chaud ; on remplit le four jusqu'en haut, puis on allume. Il faut beaucoup de soins pour mener à bien cette opération. On brûle d'abord peu de bois pour enlever doucement ce qui reste d'humidité, puis on active le feu et on finit par emplir nuit et jour les voûtes de bois ; cela dure quatre à cinq jours. On attend vingt-quatre heures pour sortir du four les marchandises cuites, qui seraient trop brûlantes encore à toucher, et elles peuvent attendre ainsi d'être employées. La tuile doit rendre, quand on la frappe, un son clair et elle peut résister à un poids relativement considérable.

Souvent pour obtenir des marchandises de meilleure qualité, on a recours à des presses, sous lesquels on fait passer les tuiles, briques, carreaux, alors qu'ils sont restés quelques jours dans le séchoir. Il existe aussi des machines pour la fabrication des tuyaux en terre, des briques creuses, très employées maintenant pour construire les cloisons. La terre qui sort du malaxeur est mise dans une trémie, d'où un homme au moyen d'un engrenage la force à sortir au travers d'un moule carré. Elle forme un long ruban creux que l'on coupe de distance en distance avec un fil de fer, pour donner aux brique sla longueur d'usage. On change le moule si on veut faire des tuyaux et on opère de même.

LES ARDOISES

Dans le Midi de la France, on ne se sert généralement que de tuiles pour couvrir les maisons, mais dans le Centre et le Nord on a recours à l'ardoise. L'ardoise est une pierre d'un noir bleuâtre, qui peut se diviser en minces feuillets, dont on couvre les toits. Les meilleures ardoises sont généralement d'une teinte foncée, dures, sonores, résistant au marteau et ne se fendant pas quand on les cloue. Toutes celles qui, ayant séjourné en partie un jour dans l'eau, sont humectées à plus d'un centimètre au-dessus du niveau de l'eau doivent être rejetées. Angers en fournit des quantités incalculables, mais celles des Ardennes sont préférables : les premières durent de vingt à vingt-cinq ans, les secondes trois fois plus. Quelques espèces d'ardoises plus dures servent à faire des dallages, des trottoirs, etc.

Dans les écoles, les enfants qui reçoivent les premières leçons d'écriture écrivent sur des ardoises avec des crayons d'ardoise. Cet usage économise le papier que gaspillent les débutants et prévient les mille petits accidents qu'occasionne pour eux l'emploi des plumes et de l'encre. Les

ardoises sont encore employées dans les classes
pour l'enseignement du calcul et du dessin
linéaire.

LA FAIENCE ET LA PORCELAINE

Il y a en France de nombreuses fabriques de
faïence. Les principales sont, dans le Loiret, Gien,
d'où sortent ces superbes faïences artistiques
qui ornent les hôtels des familles opulentes ; Creil,
Montereau, Choisy-le-Roy et même Bordeaux pour
les faïences ordinaires ; enfin Nevers, Tours,
Lunéville, pour les faïences communes.

C'est à Bernard Palissy qu'on doit la découverte de la faïence ; il avait engagé tout son bien
à construire des fours et cuire les objets qu'il
avait façonnés avec un talent merveilleux, mais
bien des fois déjà ses efforts n'avaient pas réussi.
Enfin, à bout de ressources, n'ayant plus de pain
à donner à sa femme et à ses enfants, et encore
moins d'argent pour s'en procurer, il voulut faire
un dernier essai, malgré les supplications de sa
famille. Ce génie, sentant que le succès allait enfin
couronner ses efforts, alluma ses fours ; mais,

ô désespoir ! le bois vient à manquer avant que la cuisson soit terminée, toutes ses peines vont être perdues, et il sera ruiné. Il se précipite sur son mobilier, le brise et en jette les morceaux au feu ; les meubles ne suffisent pas, il attaque le plancher, il est à moitié brûlé, mais la cuisson est terminée..... Il a réussi, il a enfin trouvé le secret qu'il cherchait depuis si longtemps. La fortune lui sourit, il est heureux !

De nos jours un savant, Avisseau de Tours, a retrouvé les procédés merveilleux de Bernard Palissy, et on peut refaire maintenant les artistiques faïences d'autrefois. La terre employée à cet usage est de l'argile grise, plus pure que celle employée pour les briques et les tuiles. La terre de pipe est encore plus pure et presque blanche, elle sert à fabriquer les faïences fines et les pipes, de là elle tire son nom. Enfin, une dernière variété d'argile, tout à fait blanche, d'un grain très-fin, est le kaolin, dont on fait la porcelaine. La faïence et la porcelaine seraient poreuses et laisseraient passer l'eau, si on ne les couvrait d'un vernis, dit émail, qui bouche tous les pores. Les diverses pièces ne sont émaillées qu'après une première cuisson et on les remet au four. L'émail fond sous l'action de la chaleur et forme un verre brillant. On y ajoute pour la faïence des substances qui lui donnent la couleur opaque. L'ouvrier faïencier a devant lui une petite table ronde qu'il fait tourner à volonté avec son pied, et sur laquelle il façonne à la main les plats ou assiettes ; il les laisse sécher un peu, puis avec un outil généralement d'ardoise, taillé suivant les contours que doit avoir l'assiette, il s'en sert comme d'un tour. L'ardoise découpée racle la surface de la pâte et enlève tout ce qui dépasse : l'assiette paraît ainsi comme passée au tour. La faïence est d'un usage très-répandu maintenant, on est arrivé à la faire à bon marché ; mais on lui reproche de ne pas aller au feu, et de plus, l'émail se fendille au contact de l'eau bouillante.

La faïence fine de porcelaine opaque est assez mince, légère et un peu sonore ; sa cassure est jaunâtre ou même blanche. La porcelaine est plus mince, plus lourde et sonore, de plus elle est un peu transparente ; sa cassure est blanche et ressemble à de l'émail.

Toutes les couleurs qui servent à décorer les porcelaines sont mélangées de substances qui, au four, fondent et couvrent les objets d'une véritable couche de verre, et par conséquent les rendent inaltérables à l'air et à l'eau.

La porcelaine se fabrique comme la faïence, on la présente deux fois au four et on la décore ensuite, lorsque les couleurs sont sèches. On la remet une troisième fois au four, pour les fixer et en assurer la conservation. Limoges est presque le seul endroit où l'on fabrique la porcelaine en France ; le kaolin est tiré des environs, vers Saint-Yrieix où il y en a d'immenses dépôts, que l'on expédie en Italie, en Belgique et même en Allemagne.

La manufacture de Sèvres, près Paris, fabrique des objets merveilleux de fini et de légèreté, elle elle est presque unique au monde. La Saxe a aussi de nombreuses et renommées fabriques de porcelaines artistiques, dont les produits anciens sont recherchés avidement par les amateurs, qui les payent des prix élevés. Les fabricants de nos jours paraissent avoir retrouvé les procédés d'autrefois, qui avaient donné aux faïences une réputation universelle.

LE VERRE ET LE CRISTAL

Le verre est un composé de sable, argile, chaux et potasse. Quelquefois, la potasse est remplacée par des cendres de bois qui en contiennent beaucoup et qui coûtent moins cher. On mélange ces substances, en proportions convenables, dans des creusets ; on appelle ainsi des pots en argile, en terre réfractaire, qui peuvent résister à la chaleur la plus grande. Ces creusets sont mis dans des fours chauffés soit au bois, soit au charbon de terre, et devant chaque creuset il y a une ouverture que l'on ouvre ou ferme à volonté. Deux hommes se trouvent devant ces ouvertures : l'un, l'apprenti, doit retirer du creuset une boule de verre incandescent, et il se sert pour cela d'un tube en fer garni à l'une de ses extrémités d'un manchon en bois, afin d'y toucher sans se brûler. Ce tube creux s'appelle la canne du verrier. Lorsque le mélange de potasse, sable, etc., est fondu et devenu du verre liquide, rouge presque blanc, l'apprenti, ayant trempé sa canne dans le creuset et retiré une boule de verre, il passe la canne au souffleur ou maître verrier. Voici comment M. Péricot décrit le travail de cet ouvrier verrier : « Il souffle légèrement d'abord, en étirant un peu la masse vitreuse de manière à lui donner la forme d'une poire, il balance sa canne et la relève, il souffle plus fortement à plusieurs reprises, et lui imprime un mouvement de va-et-vient, comme celui d'un battant de cloche de manière à allonger la poire qui prend une forme cylindrique, il la relève vivement au-dessus de sa tête, et lui fait subir un mouvement complet et rapide de rotation pour l'allonger, tout en

lui donnant une épaisseur égale dans toutes ses
parties. Quand le cylindre est fait, l'ouvrier l'approche du four pour en ramollir le bout ; quand
il est suffisamment chaud, il est percé avec une
pointe de fer. Par le mouvement de balancement,
l'ouverture s'agrandit, on pare la pièce avec une
sorte de planche en bois, les bords s'écartent et
la calotte qui terminait le cylindre se trouve ef-
facée. — Le cylindre refroidi conserve sa forme
et est posé sur un chevalet en bois creusé en
gouttière. On touche avec une tige de fer froid le
bout de la canne, et par ce simple contact une
cassure se fait sur la ligne brusquement refroidie,
et le cylindre est séparé de l'outil. Le verre
ne peut supporter sans se briser un brusque
changement de chaleur. On a donc sur le chevalet un manchon ouvert des deux bouts, on le
fend dans sa longueur en promenant dans son
intérieur sur la même arête une tige de fer rou-
gie ; un des points chauffés étant mouillé avec
le doigt, le verre éclate.

De ce cylindre fendu il s'agit d'obtenir une
surface tout-à-fait unie. Pour cela le cylindre est
porté dans un autre four, où, après avoir été convenablement ramolli par la chaleur, il est étendu
avec une règle en bois puis une règle en fer sur
une plaque en fonte. Voilà une feuille de verre ;
on la laisse encore dans le four plusieurs jours,

jusqu'à ce que, suffisamment recuite, elle puisse être livrée au commerce.

Plus tard, le vitrier au moyen d'un diamant, coupera ces feuilles en morceaux de la grandeur voulue pour mettre aux fenêtres, où elles seront fixées avec de petites pointes sans tête et du mastic composé de craie broyée et d'huile de lin.

Le cristal est une sorte de verre fait avec des matières choisies : sable blanc, potasse épurée et oxyde de plomb. C'est à cette substance qu'il doit d'être plus lourd et plus transparent que le verre. Les verres en cristal et même en verre ordinaire sont généralement taillés. Pour cela on approche ces objets d'une meule en fer ou en fonte qui tourne très-rapidement et sur laquelle il tombe, venant d'un entonnoir, un peu de sable mouillé. Le sable use le verre. On finit la taille en présentant l'objet à une meule en grès constamment mouillée, puis on le polit avec de l'émeri comme l'on ferait d'une glace.

LA HOUILLE

Tu me demandais hier, ma chère enfant, comment on faisait pour se procurer le charbon de terre, dont tu me voyais garnir le foyer, et tu croyais qu'il suffisait de le demander au marchand chez lequel tu vins avec moi l'autre jour. Je vais satisfaire ta curiosité.

La houille se trouve dans les entrailles de la terre, il faut l'y aller chercher, souvent à plusieurs centaines de mètres de profondeur, c'est de là que lui vient son nom de *charbon de terre*. Autrefois, avant que l'homme fût créé, la terre était couverte d'une végétation luxuriante et par suite des bouleversements du sol, ces couches de végétation furent ensevelies et leur conversion en charbon fut l'œuvre des siècles ; c'est pourquoi l'on trouve souvent dans les couches inférieures, l'empreinte de végétaux admirables, de bruyères gigantesques et d'arbres aux proportions inconnues de nos jours. Pour extraire ce charbon, on creuse de larges puits jusqu'à la couche que l'on veut exploiter, et on perce des galeries horizontales dont les matériaux sont enlevés au moyen des puits. Autrefois tout le travail se faisait par les hommes ; les uns creusaient les galeries en s'aidant du pic et de la pioche, les autres portaient dans des hottes le charbon à l'entrée des puits, et les plus robustes le montaient par des échelles appliquées le long des parois. Te figures-tu la vie de ces pauvres gens, passant leurs jours et leurs nuits dans des trous humides, sans air et n'ayant pour combattre l'obscurité qu'une petite lampe éclairant à peine quelques mètres autour d'eux. Aujourd'hui, le métier de mineur est toujours pénible, mais on a pu l'améliorer sensiblement. Les animaux sont venus en aide à l'homme, puis la vapeur et les puissantes machines qu'elle met en mouvement.

Les galeries sont plus spacieuses ; on y a installé des rails légers sur lesquels glissent des wagonnets qui, traînés par des chevaux, amènent le charbon au bord des puits. Là il est enlevé à la surface du sol par des machines à vapeur qui envoient dans les profondeurs de la terre de l'air pur en échange. Quelquefois il faut soutenir les galeries par des madriers, afin d'éviter les éboulements, si l'on traverse une couche friable ; d'autres fois au contraire, il faut avoir recours à la poudre pour briser les blocs durs comme le rocher.

Outre les éboulements, le mineur a encore à craindre le *feu grisou* : c'est un gaz qui ressemble beaucoup à celui dont on se sert pour éclairer nos rues et nos maisons. Il n'est pas respirable ; malgré cela il ne serait pas très-dangereux. Son odeur désagréable décèle sa présence et on peut fuir pour trouver vers le puits un air frais et pur ; mais comme il faut que chaque mineur porte avec lui une lampe pour s'éclairer, là est le danger. Ce

gaz s'enflamme immédiatement, produit une vio-
lente explosion et s'il ne brûle pas les infortunés
mineurs, il les ensevelit sous les décombres. On
a imaginé alors d'entourer les lampes d'une toile
métallique, et il a été constaté que le grisou ne
prenait plus feu parce que la toile en fil de fer
ou de cuivre garde pour elle la chaleur dégagée
par la lampe et qu'il n'en reste plus assez pour
allumer le grisou. Cette invention due à un ingé-
nieur anglais a sauvé la vie à un nombre incalculable de mineurs. Lorsque la couche est épuisée,
on creuse les puits et on recommence à quelques
mètres plus bas le même travail.

Par la combustion de la houille, on produit la
vapeur qui met en mouvement une multitude de
machines diverses, les unes servant à confectionner les tissus de nos vêtements ou les outils les
plus divers, les porcelaines et les cristaux ; les
autres donnant le mouvement à nos bateaux, à nos
chemins de fer, etc.

En outre, elle nous fournit le gaz qui nous éclaire
et le goudron ; cette sorte de liqueur noire et
épaisse est employée par les teinturiers pour co-
lorer les étoffes.

Le résidu du charbon de terre lorsqu'on en a
tiré le gaz et le goudron s'appelle coke ; il sert
encore à nous chauffer, il dégage plus de chaleur que le charbon de bois ; mais on ne peut l'uti-

liser que pour les poêles, les fourneaux ou les cheminées qui ont un fort tirage.

Enfin la houille produit encore le diamant, car ces belles pierres brillantes que tu admires chez les bijoutiers ne sont pas autre chose que du charbon, mais du charbon parfaitement pur et cristallisé. Plus il est transparent et limpide, plus son éclat est vif.

LE CHARBON DE BOIS

Le meilleur charbon s'obtient avec le meilleur bois, par conséquent avec le bois de chêne. Puis viennent le charme, le pin, le bouleau, les bois blancs. Quand le bois commence à brûler, il produit de la fumée, puis de la flamme ; ensuite il devient de la braise et se consume sans fumée ni flamme. Le bois est alors à l'état de charbon et donne une chaleur plus vive et plus durable. Pour convertir le bois en charbon, on s'y prend de la manière suivante. Les charbonniers s'installent au milieu des forêts, se construisent une hutte en branches recouverte de plaques de gazons, et préparent ensuite une place à charbon ;

c'est un espace bien plat et battu ayant 5 à 6 mètres de diamètre. Ils construisent au centre une espèce de cheminée carrée avec des morceaux de bois, jusqu'à 1^m,20 de hauteur environ, puis ils rangent autour des rondins de bois en les mettant debout et par étages superposés. De place en place, à la base du tas et à moitié de sa hauteur, sont ménagées des ouvertures nommées évents, au moyen desquelles le charbonnier donne la quantité d'air voulue. On couvre le tout de plaques de gazons, en ne laissant que l'orifice supérieur libre, puis on met le feu dans le tas par la cheminée.

Tu crois que tout va brûler et que le malheureux charbonnier ne trouvera que des cendres...; mais tu as appris tout à l'heure que sans air le feu ne peut prendre ; or le charbonnier n'a laissé que peu de trous libres, et à cause des gazons, l'air n'arrive que difficilement au bois. D'ailleurs, si le feu va trop vite on bouche les évents, et la combustion se ralentit. Lorsque le feu s'est communiqué à toute la masse de bois, on la recouvre de terre pour laisser le feu s'étouffer petit à petit. Le tas est alors converti en charbon. Les morceaux dont la combustion n'a pas été complète s'appellent fumerons. On les reconnaît à leur couleur rousse et à la fumée qu'ils dégagent en brûlant dans nos fourneaux de cuisine. L'opération dure environ quatre jours depuis le moment où le feu a été allumé. Les mois d'août, de septembre et d'octobre sont l'époque la plus favorable pour cuire c'est-à-dire pour convertir en charbon les bois abattus pendant l'hiver précédent. Chaque fourneau contient environ 15 à 20 stères. On prend de préférence le bois de chêne de quinze à dix-huit ans ; les rondins ont de 15 à 30 centimètres de circonférence et de 65 à 70 centimètres de long. Lorsque le bois est trop gros on le fend en quartiers. Celui-ci est toujours inférieur au rondin. Le bon charbon doit être dur, résonner quand on le remue et ne pas tomber en poussière. En cuisant, le bois a perdu considérablement de son poids. Un mètre cube de rondin chêne pèse avant la cuisson 375 kilogrammes environ, après il en pèse tout au plus 150. C'est pourquoi on carbonise les bois sur le lieu même de l'exploitation, cela économise les frais de transport.

Le charbon doit être tenu à l'abri de l'humidité.

Il ne s'emploie pas seulement comme combustible ; on met à profit ses propriétés décolorantes et désinfectantes pour filtrer les eaux qui ne sont pas buvables, pour la décoloration du vinaigre, du sucre, du miel, pour la conservation des aliments, enfin la médecine l'emploie pour les poudres dentifrices et les médicaments internes ; l'agriculture, comme engrais. Le charbon active la végétation dans les terres grasses et humides, rend plus légères les terres de jardin et détruit souvent les insectes nuisibles.

LA FONTE, LE FER, L'ACIER

On rencontre dans bien des terrains d'une couleur rouge foncé de petits cailloux ressemblant assez à des petits pois, plus ou moins gros, qui paraissent couverts de rouille, c'est du minerai de fer, c'est-à-dire du fer à l'état brut.

Avant de le fondre, il faut nettoyer le minerai, en enlever la terre et autres impuretés ; pour cela on commence par le broyer grossièrement sous un lourd pilon appelé *bocard*, puis on le lave dans un endroit appelé *patouillet*, ensuite on le transporte au *haut fourneau*. C'est une sorte de tour, haute de dix à quinze mètres, bâtie en pierres de taille à l'extérieur et en briques réfractaires à l'intérieur. La partie haute par où s'échappe la fumée a 1 mètre à 1^{m}50, de diamètre au plus. L'intérieur va toujours s'élargissant jusqu'aux deux tiers puis se rétrécit au point de ne laisser qu'un petit espace libre. Le feu est allumé par en bas, avec du charbon de bois ; puis, par l'orifice supérieur, appelé *gueulard*, on jette sans cesse et à pleins tombereaux du charbon, du minerai et une certaine quantité de pierres calcaires, jusqu'à ce que le fourneau soit plein, puis on entretient sans cesse, à mesure que la matière s'abaisse. Il faut un courant d'air puissant pour entretenir nuit et jour avec la même intensité le feu dans ces hautes cheminées. Pour cela on se sert d'énormes soufflets ou pompes aspirantes et foulantes qui lancent sans interruption et avec force de l'air dans le bas du fourneau, au moyen d'un gros tuyau appelé *tuyère*. L'air passe si violemment dans ce tuyau qu'il fait un bruit effrayant ; on dirait une tempête perpétuelle. Le minerai mélangé au charbon incandescent passe d'abord du rouge sombre au rouge vif, puis au rouge blanc et devient liquide. Il tombe alors au bas du fourneau dans un creuset d'où on le retire deux fois par vingt-quatre heures. Pour cela on débouche le petit conduit et il sort un liquide d'un blanc éblouissant, une sorte de lave, qui coule dans des conduits de sable, où elle se refroidit petit à petit et forme des blocs de fonte appelés *saumons*. Les déchets ou laitiers sont rejetés au loin.

La fonte est cassante et mélangée de charbon,

elle est plus dure que le fer, et pour la convertir en fer pur, il faut lui enlever le charbon qu'elle contient. On remet cette fonte dans un four moins grand et lorsqu'elle est redevenue liquide on envoie sur toute la masse le vent d'un soufflet puissant, sous l'action duquel ce qui reste de charbon s'enflamme et disparaît, les scories ou impuretés surnagent et le fer pur devient assez solide pour être retiré du four, coulé en boule. En cet état on dirait un bloc de feu; il est rempli de trous et assez semblable à une éponge.

On le porte sur une grosse enclume ou il est frappé par un marteau appelé *martinet*, mis en mouvement par une machine. Si le bloc de fer est de grande dimension on se sert d'un marteau-pilon beaucoup plus puissant. Sous son action les trous disparaissent et toutes les dernières scories sont enlevées. Pendant ce travail le fer est passé du rouge blanc au rouge cerise; on le réchauffe et lorsqu'il est redevenu blanc, on le porte aux laminoirs: ce sont des cylindres en fer superposés entre lesquels on fait passer les barres de fer pour leur donner une épaisseur uniforme. Ces barres sont ensuite livrées à l'industrie, qui en fait toutes sortes de choses, depuis les rails de chemins de fer, les locomotives, les ponts, jusqu'aux menus objets, les pointes, les clefs, etc. etc.

Si l'on veut fabriquer du fil de fer, on prend une barre de fer dont on appointit le bout. On la fait rougir, puis on engage le bout dans un trou fait à une plaque d'acier nommée filière, et avec des pinces on tire jusqu'à ce que la barre entière soit passée. Elle a ainsi gagné en longueur ce qu'elle a perdu en grosseur, on recommence l'opération en faisant passer le fer dans des trous de plus en plus petits et on obtient des fils de plus en plus minces. L'atelier où se fait ce travail a reçu le nom de *tréfilerie*. L'emploi du fil de fer est très répandu ; on peut l'admirer surtout dans ces constructions légères, solides, audacieuses, nommées *ponts suspendus*. Quelques-uns sont merveilleusement lancés dans l'espace et laissent le spectateur dans l'étonnement ; ces ponts coûtent beaucoup moins à construire que ceux en pierre.

Si nous passons à des travaux secondaires, nous verrons le fil de fer employé dans les jardins pour volières, treillages, ornements ; certaines industries en font une grande consommation : serruriers, fabricants de fleurs artificielles, de cages, etc. Le télégraphe l'utilise sur tout le parcours qu'il dessert.

C'est avec le fer qu'on obtient l'acier, métal bien autrement dur que lui, et dont on fabrique les couteaux, les scies, les rasoirs, les armes.

Pour cela il faut mélanger un peu de charbon au fer. La manière la plus simple est de chauffer du fer de première qualité au milieu de charbons en poudre dans des caisses de briques pouvant supporter une forte chaleur. L'acier est un métal d'un grain très fin et très régulier ; on peut le travailler au laminoir comme le fer. Pour augmenter sa dureté, on le trempe. Cette opération consiste à le chauffer au rouge et à le plonger dans l'eau ; le froid subit produit un changement extraordinaire dans l'acier, il devient dur et susceptible de recevoir un très-beau poli. C'est avec de l'acier trempé que l'on fait la coutellerie, les ressorts des serrures, des horloges et même des montres. Les limes, les scies sont également en acier. On se sert de ce métal pour limer et raboter le fer et cependant l'acier n'est autre que du fer épuré et durci.

Tout le monde a besoin de l'acier : les instruments de chirurgie, de médecine sont en acier ; les couturières et les tailleurs se servent d'aiguilles, les écoliers de plumes, les gens de la campagne ont des faux, des serpes en acier ; nos soldats ont des armes où l'acier entre pour une grande part, épées, pistolets, etc.

As-tu jamais pensé au travail que demandait une aiguille ?

Eh bien, avant de te servir, une aiguille passe

dans les mains de près de cent ouvriers, car l'aiguille commence comme le fer par ces petits cailloux ronds de peu d'apparence, par le minerai.

Pour les aiguilles on prend à la tréfilerie des fils d'acier parfaitement unis qu'on recouvre d'une couche de plombagine, enduit qui les garantira de la rouille, puis on les coupe en morceaux d'une longueur double de celle qu'on veut donner aux aiguilles. On les met en paquets qu'on fait rougir et qu'on aiguise aux deux bouts sur la meule, puis les paquets sont coupés en deux et les têtes aplaties d'un coup de marteau. On fait rougir les aiguilles à nouveau, et on les laisse refroidir lentement pour qu'elles soient moins cassantes. Dès qu'elles sont froides, un ouvrier les perce à l'aide d'un petit poinçon très tranchant, un autre enlève le morceau resté dans le trou, un troisième y creuse à la lime une petite canelure et arrondit la tête pour les empêcher de couper le fil à coudre. Les aiguilles sont alors mises en paquets de vingt-cinq environ. On bronze leurs têtes alignées en approchant d'elles une barre de fer chauffée au rouge; enfin on passe les aiguilles sur une bobine recouverte de tripoli et tournant rapidement pour leur donner un beau brillant. Elles sont en dernier lieu rangées par cent et livrées au commerce.

LE CUIVRE, LE BRONZE

Il existe du minerai de cuivre ayant la couleur du vert-de-gris. Il brille au soleil avec des reflets verts ou rouges. En France on en trouve près de Lyon, mais le meilleur vient d'Amérique, du Chili.

On agit avec le minerai de cuivre comme avec celui de fer ; mais comme il fond plus aisément, on n'a pas besoin de fourneaux aussi grands, mais seulement de fours en briques appelés *cubillots*. Pour obtenir un cuivre pur, on le fond plusieurs fois de suite dans des fours différents, et en dernier lieu, on le coule dans des moules en fonte. Ce sont des lingots d'un beau rouge. Pour employer ces lingots, on les transforme en lames et en fils par les mêmes procédés que le fer, ce qui s'obtient facilement, car le cuivre a l'avantage de pouvoir être travaillé à froid.

Les chaudronniers font les ustensiles de cuisine : casseroles, bouillottes, chaudrons. Ces objets ont besoin d'être fréquemment nettoyés, sans quoi ils se couvrent de vert-de-gris, lequel est un poison ; aussi pour obvier à cet inconvénient, on étame les casseroles, c'est-à-dire qu'on les recouvre intérieurement d'une mince couche d'étain.

On recouvre de plaques de cuivre la partie des navires qui est sous l'eau pour préserver le bois de la corruption.

En fondant ensemble deux métaux différents, on obtient ce qui s'appelle un alliage. Ainsi le mélange du cuivre et du zinc donne le *laiton;* il a une belle couleur jaune d'or, il sert à fabriquer les instruments de musique, les trompettes et clairons des soldats, il est employé pour les boutons, les lampes, les flambeaux et la bijouterie fausse.

Un autre alliage appelé *bronze* s'obtient en mélangeant l'étain avec le cuivre ; avec ce métal, on fabrique nombre d'objets d'art de grande et de petite dimension, statues, ornements de cheminées, appareils d'éclairage, etc. ; le bronze se paye assez cher, c'est pourquoi il est souvent contrefait ; les gens peu connaisseurs croient en avoir en payant bon marché, et ne possèdent souvent que du zinc plus ou moins bien peint. Avec le bronze on fait les cloches, et pour leur donner un son clair, argentin, on mêle à la matière une certaine quantité d'argent.

Le bronze des canons, qui doit offrir une grande résistance à l'explosion de la poudre, contient plus de cuivre que les cloches et moins d'étain. Les médailles, les pièces de monnaie, en contiennent encore moins.

L'ARGENT, L'OR

L'argent est le plus blanc des métaux. Il se trouve dans les entrailles de la terre, sous forme de filon mêlé aux rochers. Son éclat a de tout temps attiré l'attention. Aussi est-il un des métaux les plus anciennement connus. Il ne rouille pas, l'air et l'humidité n'ont aucune action sur lui ; aussi est-il considéré comme matière précieuse. Il noircit cependant lorsqu'il se trouve en contact avec des gaz ammoniacaux.

L'or également ne se rouille jamais ; les pièces de monnaie que l'on trouve après des centaines d'années dans la terre deviennent par un simple frottement aussi brillantes que si elles dataient d'hier. On trouve également l'or dans les entrailles de la terre, au sein des rochers, où il forme des veines, des écailles, et quelquefois de gros morceaux qui reluisent à la lumière.

Tel qu'on le recueille, il peut servir ; aussi a-t-il été plus vite connu que le fer, qui doit subir une longue préparation.

Les mines d'or se trouvent surtout en Amérique ; et on raconte, ma chère enfant, que les Espagnols, lorsqu'ils découvrirent ce pays, furent bien étonnés de voir dans les mains des Indiens des outils en or, haches, couteaux, etc. Les indigènes, de leur côté, furent émerveillés des outils des Européens, aussi proposèrent-ils bientôt des échanges : ils donnaient leur outil d'or pour une hache en fer. Le plus satisfait était encore l'Indien, et en réalité le marché était pour lui avantageux : à la place de sa hache qui entamait à peine le bois, il pouvait avec celle en fer abattre avec promptitude les arbres dont il faisait ses pirogues et ses huttes. Depuis longtemps déjà, ces sortes d'échanges ne se font plus, le fer est devenu commun, et l'or, en raison de sa rareté, a beaucoup plus de valeur.

Lorsque les mineurs ont extrait des masses rocheuses le minerai d'or, il faut le laver pour en rejeter toute matière étrangère. Ce travail est pénible et long ; il faut le recommencer plusieurs fois.

En Californie, certaines rivières roulent dans leurs eaux des paillettes d'or ; on détourne leur cours et on lave et tamise avec soin le sable qui leur servait de lit ; on traite de même le minerai d'argent. Les mines d'argent sont moins rares que celles d'or. Il y en a en Russie et dans le centre de l'Europe. En Australie, l'Angleterre exploite également des mines d'or et d'argent.

Ces deux métaux employés purs n'offrent pas assez de consistance, on y ajoute une petite quantité de cuivre qui permet d'en faire des monnaies sur lesquelles l'empreinte résiste à l'usure et au temps.

Les pièces d'or, celles d'argent et les sous se fabriquent absolument de la même façon. On réduit le métal en lames de l'épaisseur voulue pour chaque pièce et on découpe ces lames en ronds appelés *flans* Ces rondelles doivent avoir un poids déterminé, elles sont pesées exactement, et on retranche celles qui sont trop lourdes. Une machine spéciale les rabotte et leur enlève de petits copeaux d'or et d'argent jusqu'à ce qu'elles aient le poids voulu; alors elles sont frappées par le balancier. Il se compose d'un grand écrou en cuivre traversé par une grosse vis de fer; d'un bout elle est terminée par un bras aux extrémités duquel se trouve une grosse boule en fer, de l'autre elle est plate. Le flan est placé entre deux coins sur lesquels est gravé en creux le dessin des pièces de monnaie ou médailles. Celui de dessous est posé sur un appui inébranlable. Six ouvriers tenant avec des cordes chaque boule, font descendre brusquement la vis qui vient s'abattre violemment sur les coins, et les pièces sont frappées.

LES ÉPONGES

Aujourd'hui, ma chère petite, nous allons parler des objets dont tu te sers tous les jours et nous allons commencer par ce qui est nécessaire pour ta toilette du matin ; les éponges, le savon, les brosses, etc.

On s'est demandé longtemps ce qu'était une éponge : les uns prétendaient y voir une pierre, les autres une plante, certains y voyaient un animal ; ces derniers étaient dans le vrai, c'est un animal, mais un animal ressemblant à une plante, un animal qui vit et qui meurt au même endroit, qui ne marche pas, et que l'on appelle *zoophyte*.

L'éponge vit au fond de la mer à une petite profondeur, quelquefois même elle est à découvert à marée basse, et on la voit attachée au rocher et se contractant légèrement si on la touche.

Les éponges telles qu'elles sont retirées de la mer ont besoin de recevoir la préparation du blanchiment avant d'être employées à la toilette et aux usages domestiques. Pour cela on les fait tremper pendant cinq à six jours dans l'eau froide en ayant soin de changer l'eau plusieurs fois par jour, et chaque fois on les presse avec les mains. Comme elles contiennent presque toujours de petites pierres calcaires, dont il faut les débarrasser, on les fait baigner pendant vingt-quatre heures dans une solution d'acide chlorhydrique étendue de vingt fois la même quantité d'eau, puis on les lave à plusieurs reprises dans l'eau pure et on les plonge dans l'acide sulfureux en recommençant plusieurs jours de suite et en les pressant fortement. Enfin on les expose pendant vingt heures à une eau courante et on les fait sécher à l'air et à l'ombre. Les éponges qu'on achète chez les marchands ont subi le blanchiment et n'ont pas besoin d'autre préparation pour être immédiatement employées. Toutefois comme les éponges fines, uniquement destinées à la toilette, peuvent avoir pris de la poussière dans le magasin où elles sont exposées, il convient, avant de s'en servir, de les faire tremper pendant quelques heures dans de l'eau fraîche additionnée d'un peu de lait. Ce serait un soin inutile pour les éponges grossières qui servent à laver les meubles, les voitures ou qu'on emploie à d'autres usages dans les appartements ou les écuries.

Il y a des éponges bien différentes de qualité; les unes sont brunes, un peu rudes à la main, remplies de trous souvent assez grands, on s'en sert pour les nettoyages. Celles destinées à la toilette sont gris-jaunâtre, serrées, douces au toucher et criblées de petits trous. Ces dernières se trouvent en abondance dans la Méditerranée, sur les côtes de la Syrie et de la Grèce. Les éponges grossières viennent des régions chaudes, le golfe du Mexique, en Amérique, la mer Rouge, en Asie. Une bonne éponge est toujours chère; celles que l'on se procure à bas prix sont ou brûlées par les acides, et alors elles se déchirent promptement, ou de celles qui pêchées par un trident ont été partagées, puis recousues Une éponge de bonne qualité dure fort longtemps si on a la précaution de la nettoyer quelquefois avec du cristau ; il faut éviter de la tenir renfermée, surtout si elle est imprégnée d'eau, car elle se détériorerait promptement.

Dans certains pays, on se contente de promener au fond de la mer, pour la pêche des éponges, une sorte de grande fourchette en fer dont les dents sont coupantes ; mais par ce procédé on déchire et gâte beaucoup d'éponges, le mieux est de les cueillir, comme l'on ferait d'une fleur. Des hommes plongent, coupent rapidement les éponges à leur base, et remontent respirer à la surface de la mer pour recommencer bientôt. C'est un métier fort rude et qui épuise les malheureux qui s'y livrent.

LE SAVON

Après t'être servie de l'éponge pour laver ta figure, tu prends un savon pour tes mains. La principale propriété du savon est de dissoudre les matières grasses, il la doit à la potasse.

Pour faire un savon, il faut faire bouillir de la potasse avec de l'huile d'olive, et pour le savon fin on ajoute un parfum quelconque. Les savons communs sont faits de potasse et d'huile oléine, sorte d'huile qu'on obtient en fabriquant les bougies. La potasse provient des cendres de certaines plantes. C'est pourquoi les cendres de bois sont employées, bien qu'inférieures, pour la lessive. Voici comment on s'y prend pour se procurer la potasse : quand on a assemblé une assez grande quantité de plantes qui en contiennent, on dispose une place bien unie pour les brûler. On recueille leurs cendres et on les porte sous un hangar, où l'on a préparé une série de tonneaux destinés à les recevoir ; mais ces tonneaux sont placés de telle sorte que l'eau qu'ils reçoivent passe successivement de l'un à l'autre, puis elle s'écoule par une rigole, qui la porte dans une chaudière de fer ; on fait évaporer cette lessive jusqu'au moment où la partie qui se dépose devient épaisse, on la met dans des barils, c'est ce qu'on appelle le *salin*. Pour le convertir en potasse, il suffit de l'exposer à la chaleur d'un four et l'en retirer dès qu'il est devenu blanc : c'est alors de la potasse, qu'on met dans des futailles bien closes pour qu'elle ne prenne point l'humidité.

En dehors des savons de toilette, il y a pour les usages domestiques trois espèces de savons : le savon blanc, le savon marbré et le savon noir ou vert. Le savon marbré est plus commun et moins cher que le savon blanc. Celui-ci donne de meilleurs résultats pour le savonnage du linge, mais il peut altérer la couleur des étoffes s'il n'est pas de bonne qualité. Le bon savon doit avoir les parties blanches d'un beau blanc sans trace jaunâtre et les parties bleues d'un beau bleu bien tranché comme seraient les veines d'un marbre. La pâte doit en être lisse et fine, percée de trous comme le fromage de gruyère, il ne doit pas s'émietter mais se couper en lames et avoir une odeur agréable qui disparaisse entièrement quand le linge est rincé.

Le savon, quand il est sec et dur, est infiniment plus profitable que lorsqu'il est frais et mou, parce que dans ce dernier cas il se dissout trop vite dans l'eau ; il est donc avantageux d'en faire une certaine provision, il peut se conserver très

longtemps. Quand on a fait cette emplette, on
coupe le savon en morceaux de grosseur convenable au moyen d'un fil de fer fin, on l'émiet-
terait en le coupant avec un couteau, fût-il bien
affilé. Tous les morceaux sont rangés les uns
sur les autres et placés dans un endroit aéré; on
laisse entre eux un petit intervalle pour que l'air
y circule.

Le savon noir ou vert est beaucoup plus mor-
dant que le savon blanc ou marbré, il laisse de
plus après lui une odeur désagréable. On n'en
doit faire usage que pour savonner le gros linge
et pour nettoyer les ustensiles de ménage, meubles de cuisine, parquets non cirés, etc.

N'as-tu pas vu aussi notre domestique employer du savon noir pour laver notre vieille
Diane ? Tu en avais même compassion, je me
souviens ; et François t'a expliqué que le savon
noir détruisait les puces, et que les épagneuls
ne craignaient pas l'eau.

LES PEIGNES

Le peigne dont tu te sers est en ivoire, mais
il s'en fait en os, en écaille, en corne et même en

buis. Tu te rappelles avoir vu des éléphants au Jardin des plantes; leur grand nez, leur trompe, t'avait beaucoup étonnée. As-tu remarqué que, de chaque côté de cette trompe, une grande dent d'un blanc jaune s'avançait ? C'est avec ces dents qu'on fait les peignes : c'est de l'ivoire. Ces dents ou défenses pèsent chacune au moins 100 livres. C'est une sorte d'os très dur et très fin. Les dents des hippopotames, des morses, fournissent aussi de l'ivoire. En Asie, en Afrique, on chasse l'éléphant pour s'emparer de ses défenses, que le commerce transforme en manches de couteau, en billes de billard, en peignes, en montures de brosses, etc. Tu comprends que l'ivoire doit toujours être cher. On préfère généralement l'ivoire vert, parce qu'il est d'un grain plus serré et que cette teinte verte se dissipe peu à peu pour faire place à un beau blanc mat. On assure que cet ivoire devenu blanc ne jaunit jamais, tandis que l'ivoire ordinaire jaunit toujours au bout de quelques années,

On appelle écaille des plaques de substances ressemblant assez à de la corne et que l'on trouve sur les carapaces des tortues. Pour travailler l'écaille on la ramollit dans l'eau bouillante, et on lui donne toutes les formes que l'on désire. Si les plaques sont trop petites, on peut les souder les unes aux autres : il faut première-

ment en amincir les bords au moyen d'une lime ;
ensuite on les ramollit à l'eau bouillante, on les
approche pour les unir aussi exactement que
possible et on les tient fortement serrés avec
une pince. La soudure s'opère rapidement et
reste fort solide. Pour faire un peigne, on moule
l'écaille, puis avec une petite scie circulaire on
découpe les dents.

La corne est la matière préférée pour les peignes, parce qu'elle est élastique quoique résis-
tante. Les cornes des bœufs, des chèvres servent
à fabriquer les objets de toilette ; la corne du
bœuf d'Amérique, du buffle, est la plus estimée. Les sabots des chevaux, des bœufs, etc.,
sont employés aux mêmes usages. La corne est
facile à travailler, on la ramollit et on l'aplatit
entre des plaques de fer chaud pour en former
des feuilles plus ou moins épaisses suivant les
objets que l'on veut découper. On fait aussi
avec la corne ces plaques minces et un peu trans-
parentes qu'on met aux lanternes en guise de
verre.

Enfin on emploie aussi le buis pour les peignes, c'est un bois extrêmement dur qui est
susceptible de recevoir un beau poli et que l'on
travaille comme tous les autres bois. On ne peut
le convertir qu'en petits objets, car cet arbuste
ne prend jamais de grandes proportions.

LES BROSSES

Les brosses sont composées de deux morceaux, la monture ou patte et les soies, le plus souvent en soies de porc, de sanglier, ou en crins de cheval. La patte peut être en os, en ivoire, en buis, ou même en d'autre bois. On la perce de trous disposés en échiquier, dans lesquels on retient les soies au moyen d'une ficelle ou d'un fil de laiton qui forme un peu saillie avec la partie pliée des poils. On enduit le tout de colle forte pour les fixer et on les recouvre d'un placage en bois.

Les brosses communes, qui servent à frotter les appartements, à cirer les chaussures et à panser les chevaux, ainsi que les brosses à cirage, se fabriquent avec du bois de hêtre ou de noyer, et sont garnies avec des soies de porc, de sanglier ou du crin de cheval. Les crins introduits dans les trous y sont fixés par des liens de forte ficelle et du goudron. Ces brosses, bien fabriquées, sont très durables, pourvu qu'on ait soin de les préserver de l'humidité, qui fait gonfler le bois et tomber le crin.

Dans les brosses à dents les trous aboutissent à une rainure qui traverse la patte dans sa lon-

gueur. On passe un fil de laiton dans chaque rainure avec un crochet ; l'ouvrier tire le fil dans
chaque trou en formant la boucle, y place les
soies, puis remet le fil en place, lequel entraîne
avec lui les crins jusqu'au fond du trou. On éga-
lise avec des ciseaux les soies, et la brosse est
faite. Le vert-de-gris peut se produire sur le laiton et causer des accidents sérieux si l'on ne
prend pas soin de faire bien sécher les brosses
quand elles ont servi.

On remplace l'ivoire par les os des bœufs ou
des chevaux, auxquels on donne un beau poil.
Ce n'est pas aussi fin que l'ivoire, mais aussi
cela est d'un prix abordable,

LE LIN

C'est avec cette plante que l'on tisse les fines
étoffes de toile. La tige est ronde, atteint cinquante à soixante centimètres. Les feuilles sont
petites et peu nombreuses ; les fleurs, légères,
sont d'un gris bleu. Pour obtenir de beaux fils
fins, il faut semer très épais et arracher avec soin
toutes les mauvaises herbes.

Tous les terrains conviennent également au lin, à la condition d'être saturés d'engrais. Généralement on le sème là où on a récolté une avoine fumée, faite sur pomme de terre largement fumée aussi. La tige de lin fournit le fil, la graine est estimée en médecine. Elle contient deux substances, de l'huile et du mucilage, sorte de gomme.

La farine délayée à l'eau bouillante forme une pâte qui conserve longtemps sa chaleur, c'est pourquoi on en fait des cataplasmes. Si on laisse tremper la graine entière dans de l'eau tiède, elle peut être employée comme tisane rafraîchissante, l'eau est douce et grasse sans goût désagréable.

Lorsqu'on broie cette graine et qu'on la presse, elle donne environ un quart de son poids d'huile, qui a la propriété de sécher et de durcir à l'air, ce que ne font pas l'huile de colza, l'huile d'œillette ni l'huile d'olive. L'huile de lin sert à préparer l'encre d'imprimerie, les vernis gras, les toiles cirées, les cuirs vernis, et à délayer les couleurs pour la peinture à l'huile.

On cultive généralement le lin dans le Nord, l'Anjou, la Belgique, et on commence à l'essayer en Algérie.

Le lin ne peut revenir que tous les huit à dix ans sur le même terrain. On cultive le lin de trois manières : pour la filasse seule, pour la graine seule et enfin pour la filasse et la graine. Le lin cultivé pour le fil s'appelle lin en doux. Cette manière demande moins d'engrais et moins de soins. Le lin, au contraire, dont on veut recueillir et la filasse et la graine, demande plus de soins et épuise davantage la terre. La filasse est moins fine que celle du lin en doux, mais elle est plus forte et convient mieux pour les filatures mécaniques. Le rendement en est plus considérable.

En France on ne cultive pas le lin pour la graine seule. Dans le Nord on cultive ce qu'on nomme les lins ramés, qui se distinguent par leur tige très haute et très déliée. Ce sont ces lins qui donnent la filasse qui sert à faire les dentelles. Le lin en doux se récolte le premier, puisqu'on n'est pas obligé d'attendre que la graine soit à maturité. C'est ordinairement vers la fin de juin, lorsque les feuilles commencent à jaunir et que les dernières fleurs sont fanées. On l'arrache et on le dispose en couches minces sur le sol même pour procéder de suite au fanage et au rouissage. Il faut ordinairement huit jours pour que la fenaison soit complète. On le lie en petites bottes et on commence l'égrenage au moyen de peignes à dents de fer.

Ce peigne a deux ou trois rangées de dents et se fixe sur un chevalet solide. L'ouvrier prend une poignée de lin par la racine et frappe le sommet sur le peigne en tirant à lui ; les capsules ne pouvant passer entre les dents, tombent sur une toile placée au-dessous du chevalet. Lorsque la graine est séparée de la tige, on l'étend sur des draps, au soleil, puis, quand elle est sèche, on la bat et on la passe au van pour la nettoyer.

Vient ensuite le rosage ou rouissage sur terre qui se fait en étendant le lin en couches égales et aussi minces que possible, ordinairement sur les prairies. S'il ne pleut pas aussitôt après cet étendage, on arrose le lin, soit pour hâter le rosage, soit pour affaisser uniformément les tiges et les empêcher d'être enlevées et brouillées par le vent. Le lin reste dans cet état jusqu'à ce qu'il soit suffisamment roui du côté inférieur, ce que l'on reconnaît à ce que les tiges se brisent nettement et que la couche fibreuse se détache facilement. Cela vient au bout de deux à quatre semaines suivant le plus ou moins d'humidité de l'atmosphère. On le retourne alors de façon à lui faire occuper la même position et de manière à ce que la face qui touchait le gazon soit placée en dessus. Au bout de deux ou trois semaines la nouvelle face inférieure a également atteint un degré de rouissage suffisant, et l'on profite d'un beau temps pour en former des gerbes coniques qu'on lie solidement. Le lin sèche vite ainsi disposé. On le réunit en bottes que l'on conserve dans un lieu exempt d'humidité. Quelque sec que paraisse le lin, il en renferme toujours un peu qu'il faut lui enlever pour que la chènevotte se détache avec netteté et que les fibres se séparent facilement les unes des autres. On le hâle en l'exposant soit au soleil soit dans un hâloir construit exprès. Ce hâloir est chauffé à 30° pendant un certain temps, puis on porte la chaleur à 45° un moment encore et l'opération est terminée. On prend alors les tiges par poignées et on les passe sur le peigne; les déchets qui en résultent servent à faire des étoupes. Cela fait on étend le lin sur une aire plane, puis on l'écrase à grands coups avec une pièce de bois dur, nommée battoir. Cette pièce porte en dessous des canelures prismatiques à arêtes arrondies et dans son milieu est fixé un manche courbe qui sert à le manœuvrer. Quand il est maillé d'un côté, le lin est retourné de l'autre et traité de la même manière. Après quoi l'ouvrier enlève les poignées, les secoue pour en détacher les débris de chènevotte et en forme des paquets. L'écangage succède au maillage. L'écangue est une espèce de couperet ou hachoir, mince, plat, muni par le haut d'une sorte de tête qui est destinée à lui donner plus de poids. Le manche est court, plat, fixé par des chevilles sur une des faces du couperet. Cet écangue est en bois dur.

La planche à écanguer est assemblée sur une autre planche qui lui sert de pied, elle a une échancrure de 8 à 10 centimètres, dont les arêtes sont taillées en biseau pour que l'écangue en tombant ne coupe pas la filasse. L'ouvrier prend une poignée de lin, la présente à l'échancrure et frappe avec l'écangue ; il roule, retourne et frappe sa poignée jusqu'à ce que la chènevotte soit détachée et qu'il ne reste plus que le fil. Le lin nettoyé subit encore le peignage pour nettoyer les fils, les refendre, les démêler, et on le livre alors aux filatures. Autrefois on filait le lin avec la quenouille et le rouet, mais on y a renoncé depuis que Philippe de Girard a inventé les machines propres à filer, qui sont bien plus expéditives.

LE CHANVRE

Le chanvre est une plante annuelle originaire de la Perse et de l'Inde. La filasse que produisent ses tiges est un peu grossière, mais elle offre une grande solidité et n'a pu être remplacée par aucune autre pour la fabrication des cordages et des toiles à voiles. On en fait aussi un emploi considérable pour les toiles destinées aux usages domestiques. Le chanvre est en outre une plante oléagineuse, c'est-à-dire que ses grains, appelés *chènevis*, donnent une huile douce et agréable au goût et qui est employée pour la peinture, l'éclairage, la fabrication du savon et beaucoup d'autres usages.

Le chènevis sert aussi à la nourriture des volailles dont il rend la ponte plus hâtive et plus abondante. Les oiseaux de volière en sont aussi très friands. Le chanvre fait la richesse de la Sarthe, du Maine-et-Loire, de l'Isère, du Puy-de-Dôme. Il est aussi répandu en Italie, en Russie et en Amérique. La rapidité de la croissance du chanvre permet de le cultiver partout, au Nord et au Midi ; mais il préfère les climats doux et humides qui activent sa végétation. Il demande en outre à être abrité des grands vents. Il est indispensable que le sol conserve de la fraîcheur pendant toute la durée de la végétation, sans toutefois offrir d'humidité stagnante. On peut semer le chanvre constamment à la même place, car la fumure abondante qu'on répand tous les ans et les labours profonds qu'on donne à la terre à chaque nouvelle récolte mettent constamment les racines en contact avec un sol nouvellement enrichi. Pour obtenir la meilleure qualité de filasse, on doit faire la récolte quand les pieds mâles sont défleuris et que leurs tiges commencent à jaunir, c'est-à-dire vers le milieu de juillet.

On arrache les tiges, on passe les mains de haut en bas sur chacune pour en détacher les feuilles qu'il importe de laisser sur le terrain; puis on forme de ces tiges des poignées, qui sont liées en bottes de 50 centimètres de circonférence. On coupe ensuite à l'aide d'une hache et d'un billot les deux extrémités pour en séparer le sommet et les racines qui ne sont utiles à rien. Ceci fait, on le met de suite rouir. Le chanvre est moins blanc quand on ne le fait rouir qu'après être desséché.

Les filaments de l'écorce du chanvre sont fortement agglomérés ensemble par une gomme résineuse qui s'oppose à leur séparation et qu'il faut détruire par une fermentation qui la décompose, l'humidité et la chaleur. On expose le chanvre sur les prés à l'action successive de l'humidité atmosphérique et du soleil. La fermentation est interrompue chaque jour par la dessiccation amenée par le soleil, et au bout d'un mois la filasse se détache et se sépare ; cette opération est analogue au rosage du lin. Dans d'autres pays on plonge les gerbes dans l'eau et on les y laisse jusqu'à ce que la fermentation ait détruit la gomme-résine; c'est le rouissage. S'il est bien fait, le chanvre acquiert une belle couleur blanc-jaunâtre très recherchée. Les eaux les plus convenables sont les eaux courantes, car elles entraînent à mesure les matières colorantes ; mais il est toujours essentiel qu'elle soient claires, douces, pures, et surtout non ferrugineuses. Dans l'eau dormante, l'opération est beaucoup plus courte à raison de la température plus élevée que prend l'eau, mais elle se putréfie et émet des gaz infects. A l'époque du rouissage il est impossible de traverser certaines parties des environs de Grenoble, les rives de la Loire au-dessus d'Angers, sans être saisi de l'infection répandue dans l'air et qui devient la source des fièvres intermittentes ; cependant c'est encore dans les eaux dormantes que le rouissage se fait le plus souvent, parce qu'il s'en trouve davantage et que d'ailleurs les règlements de police s'opposent presque partout à ce qu'il soit pratiqué dans les cours d'eau, qu'il rend insalubres et dont il détruit le poisson.

Quand le moment d'enlever le chanvre est venu, les ouvriers délient les gerbes, isolent les javelles les unes des autres, les lavent en les frappant à plusieurs reprises sur l'eau et en les tournant en tout sens, puis on les dresse les unes contre les autres pour qu'elles s'égouttent. Ensuite on fait glisser vers le sommet le lien qui réunit chaque javelle, puis, écartant les tiges vers le bas, on dresse isolément chaque javelle comme autant de faisceaux. Il faut au moins cinq jours pour dessécher les javelles et même on est souvent obligé de les passer au four. Il s'agit alors d'enlever la partie ligneuse ou chènevotte comme on l'a vu pour le lin. Après cette première opération, on fait passer la filasse à la *braye*. Cet instrument est composé de deux parties superposées. La partie fixe ou inférieure présente dans toute sa longueur deux larges mortaises, dans lesquels entreront deux couteaux en bois formant la partie supérieure. Ces deux morceaux sont réunis à une extrémité par une cheville en fer et forment une sorte de mâchoire, qui, en se refermant, braye le chanvre entre ses couteaux. L'ouvrier tirant peu à peu la filasse à lui, la bat avec la mâchoire supérieure en retournant la poignée dans tous les sens. On la passe alors au peigne et on roule chaque poignée, pour en former ce qu'on appelle des *poupées*. C'est ainsi qu'on livre le chanvre au commerce. Si l'on veut en faire des toiles fines, on bat et on pile la filasse.

Le filage se fait comme celui du lin, à la quenouille, au rouet ou à la mécanique.

Le tissage se fait plutôt à la main et occupe quantité de gens dans les campagnes, des tisserands qui fournissent les toiles pour draps, serviettes, chemises. Les toiles les plus fines, dites baptistes, se tissent à Cambrai. La filasse de chanvre sert à faire les cordes, depuis les plus minces ficelles jusqu'aux gros câbles des navires.

Veux-tu savoir comment le cordier fait ses ficelles ? Il attache autour de lui une grande quantité de filasse, il en sépare à moitié une petite poignée et l'accroche à une *volette* mise en mouvement par une grande roue. La poignée de chanvre se tord et l'ouvrier marchant à reculons laisse aller peu à peu sa filasse, qui forme un gros fil nommé *caret*. On réunit plusieurs carets pour faire un toron et plusieurs torons forment une corde.

LE COTON

Le cotonnier est une plante de la famille des *mauves*. Leurs fleurs blanches ou violacées sont semblables. Les graines grosses comme de petits haricots sont enfermées dans une capsule, qui s'ouvre d'elle-même lorsqu'elle est mûre. On voit alors le coton sortir de tous côtés et c'est le moment de procéder à la récolte.

Le coton ressemble à des flocons de ouate

d'une éclatante blancheur. C'est cette ouate que l'on file et tisse comme il vient d'être dit pour le lin et le chanvre.

Le coton est plus chaud que le lin, et plus sain à porter.

Le cotonnier se plaît dans les pays chauds, il ne prospère bien qu'à la condition d'avoir une température élevée huit à neuf mois par an, il passe alors l'hiver et atteint plusieurs mètres de hauteur. Il réussit encore dans les pays tempérés mais dans ce cas il meurt tous les ans. Règle générale : là ou mûrissent les orangers, on peut cultiver le cotonnier. En Asie et en Amérique le cotonnier croît à l'état sauvage ; aujourd'hui il y en a à peu près partout, mais le Brésil, les États-Unis sont les pays qui en produisent le plus. Ensuite viennent les îles de Cuba, la Jamaïque, les côtes d'Afrique, l'Égypte, la Grèce et l'Algérie. Notre colonie arrive en dernier lieu quoique le terrain et le climat soient favorables à cette culture. La difficulté de trouver des travailleurs à bas prix est un obstacle à son extension.

Les premiers objets fabriqués avec le coton en France furent les bonnets tricotés qu'on appelle encore bonnets de coton, puis des gants, etc., on fut bien longtemps avant d'en tisser des étoffes. De nos jours, les tissus de coton sont très nombreux. On mélange le coton à la laine et au fil,

dans des proportions variables, qui augmentent
à l'infini la variété des tissus. On obtient ainsi
le calicot, la percale, la mousseline, le madapo-
lam, les cretonnes, le piqué, le basin, le molleton, la finette, les couvertures de nos lits, etc.
En le tricotant on en fait des gilets, des cale-
çons, des jupons, des bas, des chaussettes. Filé
très fin, il sert à fabriquer des imitations de dentelles, les tulles ; enfin à l'état presque brut il
fournit la ouate si chaude qui double les vêtements ; bien retors, le fil sert à la couture, moins
tordu on l'emploie aux raccommodages.

Tu le vois, ma chère enfant, le coton est bien
précieux, il fait gagner leur vie à un grand
nombre des ouvriers qui le préparent, et il nous
est indispensable pour nous vêtir chaudement.

C'est surtout en Angleterre que l'industrie du coton a pris le plus d'importance, et cela se conçoit,
c'est le pays le plus riche en colonies qui toutes
produisent abondamment le cotonnier. C'est aussi
aux Anglais que l'on doit les premières machines
à carder et tisser le coton ; les brins de coton
ou fibres étant très courts, on ne pouvait les nettoyer comme le lin et le chanvre, au peigne. On
imagina alors de se servir de rouleaux garnis
de lames de cuir hérissées de pointes d'aiguilles.
Le coton mis en nappes minces passe entre ces
rouleaux, dont les pointes couchent toutes les

fibres dans le même sens et retiennent tout le déchet. Par la torsion on obtient ensuite des fils plus ou moins gros et on procède au tissage comme pour le lin et le chanvre.

———

LA LAINE

Tu sais déjà qu'on prend la laine sur le dos des moutons ; mais ce que tu ne sais pas, c'est qu'il y en a beaucoup de sortes. La laine commune est grosse, raide, droite et de couleur brune. Les laines fines sont au contraire longues, douces, ondulées ou frisées et blanches, et sont les meilleures.

Si tu prends par la pointe un brin de laine commune et que tu passes tes doigts doucement dessus en remontant vers la racine, tu sentiras qu'il est rude, si au contraire tu passes le doigt dans l'autre sens, il te paraîtra lisse. Cela vient de ce que les brins de laine sont formés de petits morceaux assez semblables à des cornets entrant les uns dans les autres ; le bord de ces cornets est déchiqueté et forme ce que l'on sent de rude. Dans les laines fines on ne peut se rendre compte de cette inégalité, mais elle existe. On peut s'en convaincre en les regardant au microscope. C'est ce qui explique qu'un brin de laine a moins de résistance qu'un brin de coton et surtout qu'un brin de fil.

On enlève au mouton sa toison tous les ans, en mai ou juin, avant les chaleurs. On se sert pour cela de ciseaux extrêmement pointus et à lames très larges, appelés forces.

Dans bien des localités on lave les moutons avant de les tondre pour enlever à la laine une matière grasse appelée suint, qui donne une mauvaise odeur. Dans d'autres, au contraire, on tond les moutons sans procéder à ce soin. Aussi distingue-t-on deux grandes catégories de laines : les laines en suint et les laines lavées.

La France produit beaucoup de laines ; les plus estimées viennent de Beauce, de Brie et de Champagne : cela tient à ce que les fermiers de ce pays se sont appliqués depuis longtemps à rechercher les moutons à laines fines.

Autrefois l'Espagne fournissait seule les laines extrêmement fines avec sa race de moutons mérinos, et elle en était fière. Peu à peu cependant le mérinos fut introduit en France et élevé spécialement dans la Brie et la Beauce, où il s'est conservé. La race mérinos est délicate et n'a pu s'acclimater partout ; mais la finesse et le tassé

de sa toison la faisant rechercher, on se livra
sur elle à de nombreux croisements, qui amé-
liorèrent considérablement la qualité des laines
françaises. Les Anglais créèrent d'immenses trou-
peaux de mérinos en Australie et en tirèrent bientôt
de si grandes quantités de laines que les nôtres
perdirent de leur valeur. Dès lors il devint nécessaire d'augmenter les qualités du mouton mérinos sous le rapport de la viande tout en conservant
la finesse de la laine. C'est à quoi travaillèrent
quantité d'agriculteurs distingués, parmi lesquels
M. Malingié, qui, par des croisements sagement
combinés, était arrivé à conserver chez ses moutons de la race charmoise les qualités de laine
mérinos, tout en augmentant celles de leur chair,
chose qui n'était pas à dédaigner.

L'Algérie fournit aussi son contingent à nos
filatures, mais la consommation étant plus grande,
les filateurs français achètent des laines à la
Russie, à l'Australie et à l'Amérique Méridionale.
Autrefois les femmes seules filaient les toisons
au fuseau; mais aujourd'hui, les machines mises
en mouvement par la vapeur se chargent de ce
soin. Une fois la laine réunie en fils plus gros
mais moins forts que le lin, on la tisse de la
même manière. On en fait des couvertures, des
bas, des chaussettes, des bonnets, des étoffes
de toutes sortes, draps épais pour nos paletots,

tissus légers et chauds pour les robes. Suivant leur longueur, les laines sont classées en laines cardées ou laines peignées, c'est-à-dire, ainsi que le nom l'indique, qu'elles sont préparées par le peigne si elles sont longues, par les cardes si elles sont courtes. On traite absolument la laine comme le coton pour le tissage des étoffes, mais les fils préparés avec les laines peignées forment les étoffes lisses, les cachemires, les satins de Chine, orléans, velours d'Utrecht. La laine cardée forme les draps, les couvertures et les flanelles. D'autres animaux que les moutons fournissent encore de la laine, mais on lui donne le nom de poils. Ainsi sont les chameaux, les alpaca, les chèvres, les vigognes. Le poil de chameau est employé par les Arabes pour confectionner les étoffes de leurs tentes, des cordes, des tissus grossiers, car ces poils sont ordinairement rudes et gros. En Amérique le lama, l'alpaca et la vigogne donnent des poils laineux, frisés, brillants avec lesquels on fabrique des étoffes douces au toucher et fort durables. Enfin, dans l'Inde, il existe une espèce de chèvres appelées chèvres du Thibet, dont les poils soyeux extrêmement fins et longs sont employés par les habitants de la vallée de Cachemire à tisser ces merveilleux châles, qui en portent le nom. Ces tissus sont toujours d'un grand prix : ce qui se conçoit, puisque chacun représente le travail d'un ouvrier pendant plusieurs années.

Dans le Canada, il y a encore de nombreuses troupes de castors, avec le poil desquels on fabrique les plus beaux chapeaux de feutre: là il n'y a pas tissage, mais au moyen d'une machine les poils sont projetés violemment sur une forme qui tourne lentement et ils s'y enchevêtrent si bien qu'ils finissent par former une matière solide ; ils y sont aidés par une matière collante qui les retient les uns contre les autres. On fait aussi du feutre avec le poil des lapins et des lièvres, mais ces derniers ne valent pas, pour leur durée et leur légèreté le feutre de castor ; mais c'est un produit économique à la portée de tout le monde.

———

LA SOIE

Ces belles étoffes si douces au toucher, si brillantes à l'œil, les satins, les soies et les velours, sont le produit d'une petite chenille. Cela t'étonne et pourtant c'est l'exacte vérité.

As-tu remarqué les chenilles qui couvrent souvent les pommiers au printemps? Elles dévorent tout, feuilles et bourgeons, et détruisent ainsi toutes les espérances que l'on fonde sur ce fruit utile. Ces chenilles s'enferment dans des toiles appelées cocons, mais le fil qu'elles produisent n'est bon à rien et les dégats qu'elles ont commis sont en pure perte.

Le ver à soie lui, ne faisant aucun dégât, nous donne par son cocon des brins précieux. Deux races sont répandues en France ; la commune, à cocons d'un jaune nankin, et la race sina, à cocons d'un blanc pur. Cette dernière race s'est tellement propagée depuis trente ans dans nos magnaneries que presque toujours elle est croisée avec la race commune au profit de celle-ci, de sorte que, quand on fait éclore des œufs de la race commune, on récolte à peu près autant de cocons blancs que de cocons jaunes. Généralement les vers à soie changent quatre fois de peau. Chaque mue est accompagnée d'une période d'engourdissement et d'immobilité qu'on nomme sommeil et après laquelle le ver se réveille en proie à un appétit dévorant, ce qui lui a fait donner dans le Midi le nom de *magnan* qui signifie *grand mangeur* et d'où dérivent les mots : *magnaniers* donné à ceux qui les élèvent et *magnanerie* pour désigner les bâtiments où se fait cet élevage.

On désigne sous le nom d'*âges* les périodes distinctes dont se compose l'existence du ver à soie. L'art du magnanier consiste à savoir bien gouverner les vers à soie, selon leurs besoins, aux différentes phases de leur existence. Après avoir fait éclore les œufs autant que possible tous à la fois, on transporte dans des cases de papier fort les rameaux de pourette chargés de nourrir les vers récemment éclos et l'on répand sur eux la feuille de la pourette coupée très mince. On leur donne quatre repas par vingt-quatre heures, en augmentant la quantité de jour en jour. On diminue le quatrième jour parce que beaucoup de vers s'endorment. Ce premier sommeil termine le premier âge. Pendant ce temps il leur faut une température égale, environ 25°; il faut veiller au moment où les vers s'endorment à ce qu'ils soient espacés les uns des autres. Au réveil les vers changent de peau et ont un appétit effrayant ; on leur donne toujours à manger quatre fois par jour. Vers le huitième ou le neuvième jour, second sommeil suivi d'un deuxième changement de peau. Le treizième jour, troisième sommeil, troisième changement de peau. Le vingtième jour, quatrième sommeil suivi de la dernière mue. A ce moment ces chenilles qui, à leur naissance, étaient à peine visibles sont grosses comme le doigt et mangent chaque jour deux ou trois fois leur poids de feuilles de murier. Ce cinquième âge est celui de la grande voracité des vers, on peut leur distribuer les feuilles sans les couper huit ou dix fois par jour;

ordinairement cette période dure de dix à douze jours.

Ils arrivent alors à leur maturité, ils montent encore sur les feuilles mais sans chercher à les entamer, leur peau se ride légèrement, ils redressent la tête et commencent à errer en traînant après eux un fil de soie et cherchant un lieu convenable pour faire leur cocon; on leur met alors des branches de grandes bruyères, qui se joignent par le sommet mais ne doivent pas se toucher par côté, de manière que la monte des vers à soie se fasse autant que possible sans encombre et sans obstacle. On les voit en effet monter le long des rameaux et commencer à s'y fixer par des fils au centre desquels ils vont s'enfermer dans leur cocon. Ils mettent ordinairement trois ou quatre jours à le faire ; mais on ne les récolte que le septième jour pour laisser aux retardataires le temps de parfaire leur œuvre. Si l'on ne procède pas immédiatement au dévidage de la soie, il faut avant tout faire mourir le ver, qui ne tarderait pas à percer sa coque et à couper ainsi tous les brins de la soie qu'il ne serait plus possible de filer.

On met de côté les plus beaux cocons pour en obtenir de la graine, les autres sont placés sur un tamis dans une chaudière fermée et remplie d'eau bouillante. La vapeur étouffe le ver, qui est alors chrysalide, sans altérer en rien la qualité de la soie.

Quant au dévidage voici comment on procède.

Les cocons triés et étouffés sont jetés dans une bassine dont l'eau est presque bouillante, on l'agite avec un petit balai de brins de bouleau et lorsque les bouts de soie détachés par cette agitation se sont accrochés aux balais, on les réunit par trois ou quatre au moins ou quinze à vingt au plus de manière à former un fil plus ou moins fort, que l'on porte sur le tour à dévider. Le soin de ne mettre qu'une petite quantité de cocons à la fois dans la bassine, afin qu'ils n'y séjournent pas longtemps, donne une soie plus brillante, plus claire et plus nerveuse. Il est bon aussi de placer les cocons dans un endroit humide vingt-quatre heures avant de les dévider. Enfin on doit employer de préférence l'eau de rivière. Si l'on ne peut se procurer que de l'eau de source, il faut avoir la précaution de l'exposer quelque temps au soleil avant de s'en servir. La soie ainsi obtenue est la soie grège.

La chrysalide du ver à soie devient papillon au bout de vingt jours environ. Il perce son cocon et sort avec de petites ailes blanches. Deux ou trois jours après ces papillons pondent jusqu'à quatre à cinq cents œufs que l'on conserve avec soin pour la saison suivante.

Chaque ver fournit un fil qui a souvent jusqu'à quinze cents mètres de longueur.

Les vers à soie sont sujets à une quantité de maladies; des soins assidus, une alimentation régulière, une propreté minutieuse et constante, sont les moyens les plus propres à prévenir les maladies qui toutes sont incurables. Depuis quelques années, on a tenté d'introduire en Europe deux vers à soie des Indes, dont l'un le *bombyx mylitta*, vit sur une feuille de chêne, et l'autre le *bombyx cynthia*, sur la feuille de l'aylante ou vernis du Japon. Le ver *mylitta* fournit une soie grossière, solide et très abondante.

Le papillon, très volumineux, ne perce pas son cocon pour sortir comme le ver à soie du murier, il en écarte les fils pour s'ouvrir un passage, de sorte que les cocons desquels les papillons du *mylitta* sont sortis ont autant de valeur que les autres. Mais le *mylitta* est d'un tempérament délicat, très sensible au froid et difficile à élever. Le *cynthia* au contraire peut s'élever en plein air et presque sans frais de main-d'œuvre. Il peut donner deux récoltes par an sous le climat de Paris et du Nord de la France. Les cocons donnent une bourre de soie qui tient le milieu entre la laine et la soie du murier; enfin la culture de l'aylante est facile dans les terrains les plus mauvais.

C'est à Lyon que se fait le plus grand com-

merce de soie. Il produit annuellement près de
cinq cents millions de francs. Le satin, la faille,
la moire, le velours, les rubans et la peluche
sont des étoffes fabriquées avec la soie.

LES TISSUS

La laine, la soie, le lin, le chanvre sont tissés
au moyen de métiers dont Jacquart, ouvrier lyon-
nais, fut l'inventeur.

Tout tissu est fait par l'assemblage en sens
contraire de deux fils, l'un placé en long s'appelle le fil de chaîne, l'autre en travers le fil de
trame. Les fils de chaîne sont disposés de telle
façon que les fils impairs s'abaissent quand les
fils pairs se lèvent, et laissent entre eux un espace libre dans lequel vient glisser de gauche à
droite la navette, bobine sur laquelle est enroulé
le fil de trame, puis les fils impairs s'élèvent, les
fils pairs s'abaissent et la navette revient à son
point de départ.

Voilà tout le tissage.

On peut se livrer à un nombre incalculable de
dessins en variant la manière dont s'élèvent et

s'abaissent les fils de chaîne en les prenant deux
à deux ou autrement. Pour donner au tissu le
serré convenable, l'ouvrier a devant lui un peigne
dans les dents duquel passent les fils de chaîne
et chaque fois que la navette a parcouru sa ligne,
il tire à lui le peigne qui comprime la trame et
assure la régularité de l'étoffe. Lorsqu'on tisse
ainsi une pièce de drap, on lui enlève les matières
grasses qu'elle a conservées avec de la terre spéciale dite terre à foulon, puis on la passe dans
de grands mortiers où l'étoffe se trouve pressée
dans tous les sens et comme pilée, c'est ce qu'on
appelle le foulage qui produit le feutrage de la
laine.

L'étoffe paraît bourrue ayant des poils de laine
dans tous les sens : on la fait passer entre deux
cylindres appelés *cardes*, parce qu'ils sont couverts des têtes d'un chardon du nom de *cardère*.
Ces têtes sont couvertes d'aspérités qui s'ac-
crochent au drap et couchent les poils dans le
même sens, tout en les démêlant : cela constitue
l'opération du lainage. On sèche le drap dans des
étuves. La surface de l'étoffe est lisse mais présente des poils d'inégale longueur ; l'ouvrier tond
l'étoffe, c'est-à-dire qu'il la fait passer à proximité
d'un cylindre sur lequel s'enroulent en hélisse trois
lames tranchantes. Le ·cylindre tourne avec une
grande rapidité et les lames enlèvent tout ce qui

dépasse. L'étoffe est alors unie et lorsqu'on l'a repassée entre deux rouleaux chauffés, on la livre au tailleur, qui en fait les vêtements des messieurs ou aux couturières chargées d'habiller les dames.

———

LE PAIN

Après avoir parlé des objets qui servent à ta toilette et des étoffes nécessaires pour te vêtir, voici venir le moment du déjeuner. Nous allons nous occuper de ce qui le compose.

Qu'est-ce que le pain ? avec quoi le fait-on ? et comment le fait-on ?

Le pain est la base de notre nourriture : on peut se passer à la rigueur de viande et de légumes ; mais on ne peut se passer de pain. C'est un aliment très nourrissant sous un petit volume. On le fait avec le blé dont nous avons déjà parlé au commencement de ce livre. Le blé est produit par la terre et c'est sur sa production que repose toute la culture. On sème à l'automne ce petit grain blond que tu connais. Il sort bientôt de terre et passe l'hiver à végéter ; aux premières chaleurs du printemps, il pousse plusieurs tiges qui atteignent généralement 1 mètre à 1^m,20 de hauteur, et qui se terminent chacune par un épi qui, en été, devient jaune d'or. Ces épis contiennent chacun 30 à 40 grains semblables à celui semé. On détache le grain des épis, soit à bras, soit avec un fléau, soit par des machines appelées machines à battre, et on porte le blé au moulin.

Tu sais déjà qu'il y a deux sortes de moulins, les moulins à eau et les moulins à vent, mais la manière dont ils broient le grain est absolument la même. Une pierre du nom de meule virante, extrêmement dure, taillée en rond, épaisse de 20 à 25 centimètres, tourne rapidement au-dessus d'une autre semblable qui est fixe, laissant entre elles un petit intervalle dans lequel le grain est amené petit à petit Là il se trouve écrasé et réduit en poussière. On diminue ou on augmente la distance des meules suivant qu'on veut moudre fin ou gros.

Il faut alors séparer le son de la farine. Le son est produit par l'écorce du grain. Pour cela on tamise la farine dans des cylindres en soie très fine qui laissent passer la farine pure et retiennent le son. Ce résidu sert à la nourriture et à l'engraissement du bétail. Quant à la farine, on la livre au boulanger, qui en fait du pain. On en fait aussi avec la farine de seigle, d'orge, de maïs, mais aucune n'est aussi nourrissante que la farine

de blé, et le pain qu'elles font est un pain lourd
et grossier. A la campagne, par économie, on mélange fréquemment la farine de blé et celle de
seigle, le pain est encore de bonne qualité.

Pour faire le pain, il faut placer la quantité
de farine qu'on veut employer dans le pétrin, qui
ne doit être plein qu'aux deux tiers au plus. On
fait un trou dans la farine et on y met le levain
conservé de la fournée précédente. On écrase et
on délaye parfaitement ce levain avec un peu
d'eau tiède en n'en mettant que peu à la fois.
Lorsqu'il est bien délayé, on y ajoute de nouvelle
eau et de la farine toujours en délayant, jusqu'à
ce qu'on ait employé au moins le quart de la
farine destinée à la fournée : c'est ce qu'on appelle
faire le levain : Il ne faut pas qu'il soit trop mou,
mais plus ferme que la pâte du pain. Lorsqu'il
est fait, on le recouvre de farine et on presse
autour celle qui l'entoure afin qu'elle forme une
espèce de digue qui contienne le levain pendant
la fermentation. On ferme le pétrin pour laisser
le levain travailler. En été cinq à six heures suffisent ordinairement pour que le levain soit levé;
mais en hiver il lui faut douze à quinze heures.
Dans ce cas on fait le levain le soir pour pétrir
le matin. Le levain est à point lorsqu'il a fait fendre
la farine qui le recouvre de manière qu'on le voie
bouillonner à l'intérieur sans déborder cependant

ni se répandre au dehors. Si la fermentation est trop active, on rafraîchit le levain en le pétrissant avec un peu de nouvelle eau et de nouvelle farine, puis on procède au pétrissage après avoir préparé les corbeilles destinées à recevoir la pâte.

Les corbeilles doivent être tenues très propres et saupoudrées de farine, afin que la pâte n'y adhère pas. Elles sont ou longues ou rondes et de différentes grandeurs suivant la forme et le poids qu'on veut donner au pain.

L'eau destinée au pétrissage doit être légèrement tiède, car le pain fait avec est plus blanc et mieux levé que celui pétri avec de l'eau trop chaude. Si on sale le pain, il faut faire fondre le sel dans l'eau qui sert au pétrissage, un kilo de sel peut saler cinquante kilos de pain. On commence par écarter la farine qui contenait le levain et on laisse celui-ci se répandre, on jette un peu d'eau dessus et on le démêle parfaitement avec rapidité. A plusieurs reprises, on ajoute de l'eau et on attire de la farine pour la mélanger, la pétrir avec le levain. On passe les poings fermés en dessous de la pâte pour la soulever et incorporer la farine et l'eau jusqu'à ce que la presque totalité de la farine soit absorbée. Alors on transporte la pâte d'un bout à l'autre du pétrin en passant toujours les poings en dessous pour soulever et rejeter la pâte dans le pétrin. Enfin, lorsqu'elle a atteint

une consistance convenable on la repousse à un
bout du pétrin, on prend le coupe-pâte, instrument en fer battu, et étamé, de 25 centimètres
carrés et se terminant par un rouleau formant
poignée. Avec cet instrument on coupe la pâte
par portions et on la roule dans la farine en rame-
nant les bords en dedans ; puis on enlève cette
masse avec les mains pour la placer vivement
dans les corbeilles, qui ne doivent être pleines
que jusqu'au tiers. Elles sont alors rangées à
côté les unes des autres et couvertes d'une toile
et d'une couverture suivant la saison, afin que la
chaleur de la pâte se conserve et que la fermentation se fasse convenablement. Une demi-heure
après on visite le pain. Si la fermentation est
commencée on met le feu au four. Le pain est
bon à mettre au four lorsque la pâte remplit à peu
près les corbeilles, qu'elle se fend à la surface
et qu'elle repousse la main quand on la frappe du
revers.

Si la pâte bouillonnait, le pain serait aigre :
lorsque le four est chaud et nettoyé, on approche
toutes les corbeilles. La pelle saupoudrée de farine est placée à la bouche du four; on renverse
vivement une corbeille dessus; si l'on veut un
pain fendu, on passe uu couteau au milieu d'un
bout à l'autre, et on écarte un peu la fente, puis
on enfourne en lançant la pelle et la retirant vive-

ment afin que le pain se détache sans se déformer. On agit de même pour chaque corbeille en ayant soin que chaque pain soit isolé de ses voisins. Lorsqu'on a fini d'enfourner on ferme le four, et cinq ou six minutes après on visite le pain pour voir s'il prend bonne couleur ; s'il se colore trop, on laisse le four ouvert ; s'il ne se colore pas assez on met un peu de braise à l'entrée. Après quinze ou vingt minutes, la croûte est devenue solide, les pains sont changés de place pour faire circuler l'air chaud entre eux. Quand, la cuisson terminée, on a retiré le pain du four, on le pose sur les corbeilles pour le laisser refroidir, puis on le place en lieu propre et aéré.

On trouve aussi dans le grain de blé d'autres substances que le son et la farine : l'industrie y prend l'amidon. C'est cette poudre blanche que les repasseuses emploient pour amidonner le linge, c'est-à-dire lui donner un apprêt consistant et brillant. Dans les pommes de terre, on trouve aussi une poudre blanche connue sous le nom de fécule : elle sert en cuisine à faire des sauces, des potages, des bouillies ; cette farine est plus légère que celle de blé et se prête à la fabrication des plats sucrés.

LE CHOCOLAT

On prépare le chocolat avec le fruit du cacaoyer, le cacao : c'est un arbre d'Amérique. On grille le cacao, comme on ferait du café, on le débarrasse ainsi de son écorce, et son arôme se développe ; on le broye alors sur une table de marbre chauffée. L'huile que contient ce fruit en fait une pâte onctueuse à laquelle on ajoute du sucre ; en mélangeant avec soin, on a le chocolat. Il y a deux sortes de cacao : le cacao caraque, le plus estimé et le plus cher, et le cacao des îles ou maragnon, qui est généralement vendu un tiers de moins. Quelque soit l'espèce, le cacao doit être plein, d'une couleur vive et d'une odeur agréable. Le chocolat encore chaud est versé dans des moules légèrement huilés pour l'empêcher de s'y coller. Il durcit en refroidissant et il est enveloppé dans une mince feuille d'étain pour que le parfum ne s'évapore pas.

Pour bien préparer le chocolat, c'est-à-dire pour le faire cuire à l'eau ou au lait, il faut ramollir d'abord une tablette dans deux ou trois cuillerées d'eau, et le délayer ensuite dans la casserole. On ajoute graduellement la quantité de liquide qu'on veut employer, on fait bouillir tout en agitant sans cesse, on le verse dans une tasse quand il est mousseux. Plus il a bouilli longtemps en se consommant, plus le chocolat est réussi. L'écorce de cacao bouillie dans du lait donne un bon breuvage qui peut remplacer le café au lait ; il convient surtout aux enfants.

LE THÉ

On ne trouve l'arbre à thé qu'en Chine et au Japon, où il croît à l'état sauvage sans culture préalable ; il atteint généralement 6 à 8 mètres. Mais pour augmenter ses produits, on le cultive avec soin et dans ce cas, pour faciliter la cueillette des feuilles, les Chinois ne lui laissent pas dépasser 2 mètres. Cet arbre est cultivé pour ses feuilles vert foncé, ovales et finement dentées. La fleur est petite, blanche et, comme celle des camélias, toujours placée près d'une feuille, sans tige particulière. Deux fois par an, au printemps et à l'automne, se fait la cueillette des feuilles ; elles sont rangées en catégories suivant leur âge et leur taille : les plus jeunes, encore couvertes de duvets, sont les plus estimées. A l'état vert, ces feuilles ont un goût âcre et astringent, aussi les met-on dans de grandes poêles sur un feu doux. Des ouvriers les surveillent attentivement et les remuent sans cesse pour les empêcher de brûler; lorsqu'elles pétillent et se crispent, on les étend sur des tables, où d'autres ouvriers les roulent avec leurs mains. Cette opération est recommencée cinq ou six fois en modérant de plus en plus le feu. La bonne qualité du thé dépend du degré de siccité obtenu. Les fabricants mêlent au thé d'autres plantes odoriférantes pour en augmenter le parfum, mais les Européens n'ont pas encore pu découvrir leur secret. Les Anglais surtout font usage de ce produit, que l'on prend en infusion sous le nom de *thé*.

Il existe deux sortes de thé : le vert et le noir. L'usage du second est préféré ; son infusion est plus légère, plus délicate, et le parfum a quelque chose de plus suave.

Pour obtenir un bon résultat dans l'infusion du thé, il y a certaines précautions à prendre ; d'abord, il est important de ne se servir que d'un vase uniquement affecté à cet usage, la théière en métal est préférable à toute autre. On met généralement une petite cuillerée à café de thé pour chaque tasse que l'on veut préparer. Avant de le mettre dans la théière, il faut avoir soin de bien échauder celle-ci avec l'eau bouillante qu'on

y laisse séjourner quelques instants. Après l'avoir
égouttée, on y met le thé, on jette dessus un peu
d'eau bouillante pour le saisir et faciliter le dé-
roulement de la feuille, on laisse infuser quelques
minutes, puis on ajoute le reste de l'eau, on verse
l'infusion sur le sucre en y mêlant quelques
gouttes de rhum ou de kirsch.

LE CAFÉ

L'arbre qui produit le café est originaire de
l'Égypte, d'où on l'introduisit en Arabie. Il fut
cultivé avec succès dans les environs de Moka,
si bien que, pour désigner un bon café, on dit que
c'est du moka excellent. C'est la graine du caféier
qu'on emploie, non sans lui faire subir plusieurs
préparations.

On la grille, on la broie, et on la met infuser.
Pour la griller, on l'enferme dans un cylindre en
tôle, que l'on tourne doucement sur un feu vif,
pour donner au café une belle couleur brune. Si
l'on chauffe trop peu, le café aura un goût âcre,
tandis que si l'on chauffe trop, il sera brûlé. Il

faut donc du soin et de l'habitude pour bien réussir cette opération.

La culture du caféier a pris une grande extension, même en Amérique ; les îles renommées pour leur café sont : Jamaïque, Martinique, Guadeloupe et Saint-Domingue ; en Afrique, l'île Bourbon en produit d'excellent. C'est un Français du nom de Desclieux qui a transporté en Amérique trois pieds de café, qui provenaient du Jardin des plantes de Paris. Pendant la traversée, l'eau douce vint a manquer, l'équipage fut rationné. Desclieux partagea son eau avec ses plants, mais il ne put en sauver qu'un, qui, planté par lui à la Martinique, y réussit admirablement et devint la souche de tous les caféiers américains.

Une fois grillé, on broie le café dans des petits moulins fabriqués exprès, et on n'en doit réduire en poudre que la quantité voulue pour quelques jours, car étant moulu il perd beaucoup de son arôme.

Le meilleur procédé pour faire une infusion de café, c'est de se servir des cafetières à filtre en fer-blanc ou en porcelaine ; sur la grille du filtre préalablement couverte d'une rondelle de flanelle on met la quantité nécessaire de café en poudre que l'on foule modérément avec le fouloir qu'on laisse sur la poudre même. On place la grille supérieure, on verse sur elle la moitié de l'eau chaude qui doit être employée, on ferme la cafetière, et on attend que cette eau soit passée. Cela fait, le couvercle est ôté ainsi que la grille supérieure pour soulever le fouloir et faire tomber au fond du filtre la poudre dont il est chargé ; on verse alors le reste de l'eau chaude, et après avoir fermé la cafetière, on laisse la filtration s'opérer lentement. Il ne faut servir le café que lorsqu'elle est finie. C'est une erreur de croire qu'il est bon de verser le café une seconde fois sur le marc ; loin d'y gagner, il ne peut qu'y laisser une partie de son parfum. Quant au marc, si on veut l'utiliser, il faut non pas le faire bouillir, mais verser dessus, alors qu'il est encore dans le filtre, une certaine quantité d'eau chaude et mieux encore d'eau froide. On met en réserve cette seconde infusion pour la chauffer au bain-marie et la mélanger avec une nouvelle préparation de café. Toutes les fois qu'on fait réchauffer du café, c'est au bain-marie seul qu'il faut avoir recours. Les Arabes font de ce produit une consommation considérable, et ils sont passés maîtres dans l'art de le préparer.

LE SUCRE

Je vais te parler cette fois d'une chose que les enfants aiment bien, toi en particulier, du sucre, et t'apprendre comment on le fait.

D'abord, il est bon d'observer que le sucre se trouve dans presque tous les fruits. Le raisin, les fraises, les cerises, les pêches, les prunes, les oranges en contiennent beaucoup, les poires, les pommes, même les châtaignes, mais en plus petite quantité. Il n'est pas jusqu'aux légumes qui ne soient sucrés, les petits pois, surtout lorsqu'ils sont jeunes, les melons, les navets, les oignons ont un goût agréable dû en grande partie au sucre qu'ils contiennent. Enfin, les betteraves en sont fort riches, aussi depuis longtemps déjà, fait-on du sucre avec ces racines.

Dans les pays chauds, on cultive une grande plante ressemblant beaucoup aux maïs de nos contrées. Cette plante, la canne à sucre, demande une terre franche, légère, riche en humus ; sous notre climat sa végétation est encore vigoureuse, mais elle perd ses qualités sucrières. Il lui faut le soleil des tropiques pour atteindre toute sa croissance.

La canne à sucre est hachée, broyée et pressée

dans des cylindres, et la sève qui en sort est recueillie avec soin. En France, on râpe les racines de
betteraves et la pulpe qu'elles produisent est fortement pressée dans des sacs en toile. Le jus qui
s'en échappe sert à fabriquer le sucre. Du reste,
que le jus sucré provienne de la canne ou de la
betterave, il est traité de la même façon. On le
fait bouillir et toute l'écume qui vient à la surface
est enlevée. Le liquide qui reste est filtré dans
des molletons et donne un jus de couleur jaunâtre, assez limpide, que l'on chauffe modérément dans de grandes chaudières plates pour faire
évaporer l'eau. Un sirop épais est ainsi obtenu
et si on le laisse se refroidir lentement, le sucre
se cristallise en morceaux bien plus gros que du
sel ; ces cristaux sont blancs, parce que toutes les
matières étrangères sont restées dans le résidu.
Une fois secs, ces cristaux se vendent sous le nom
de sucre candi.

Le résidu est mis à égoutter sur un tamis, il s'en
écoulera un sirop épais brun, c'est la mélasse, et
ce qui restera s'appelle cassonnade ou sucre
brut. Ce sucre est roux et reste en poudre; il faut
pour en obtenir ce beau sucre blanc, dur, que
tu croques si bien, le débarrasser de toutes les
matières colorantes qu'il contient et ce n'est pas
facile. Il faut d'abord faire fondre la cassonnade
dans l'eau, puis y mêler une poudre noire appelée

noir animal. Cette poudre est fabriquée avec des os d'animaux que l'on a calcinés dans des vases clos ; elle a la propriété d'attirer à elle les matières colorantes. Ce mélange n'a rien d'appétissant et quoique tu aimes le sucre, je suis bien persuadé que tu ne voudrais pas goûter à cette bouillie épaisse et noire. Mais on filtre encore une fois avec un molleton qui retient la poudre noire et laisse couler le sirop presque incolore et limpide.

Ce sirop est remis sur le feu pour faire évaporer l'eau et, quand il est à point, il est versé dans des moules de métal qui ont la forme de pains de sucre, un bouchon ferme la partie inférieure, qui est pointue. En se refroidissant, le sirop se prend en une masse de petits cristaux, entre lesquels il reste un peu de sirop jaunâtre qu'il s'agit d'enlever. Pour cela, on débouche le bas du moule et l'on verse sur le pain de sucre un peu de sirop blanc et pur. Ce sirop circule entre les cristaux, remplit tous les vides et chasse devant lui le sirop jaunâtre. Quand le sirop blanc sort à son tour par le bas du moule, il reste un pain blanc tel qu'on le trouve chez l'épicier.

Tu connais déjà bien des emplois du sucre, i sert à préparer le chocolat, on en met dans le café, dans l'eau, dans les confitures, dans le lait pour faire des crèmes, et le pâtissier le mêle à la pâte de ses gâteaux.

Pour préparer le sucre d'orge, on se sert d'un sirop épais auquel on mêle un peu de vinaigre et de la fleur d'oranger; ce sirop est versé sur une table en marbre huilée, et en refroidissant il durcit; on le roule en bâtons et on le vend aux petits friands.

Les dragées sont aussi faites avec du sucre et des amandes. De grandes bassines en cuivre qui tournent rapidement reçoivent les amandes, un filet de sirop coule dans ces bassines petit à petit, afin qu'il durcisse rapidement. Les dragées étant continuellement en mouvement ne peuvent se coller les unes aux autres et on les retire de la bassine quand elles sont suffisamment couvertes de sirop.

Le sucre est un des aliments les plus propres à améliorer les qualités digestives d'une foule de substances alimentaires. Ainsi, il relève la saveur des substances fades et aqueuses et il adoucit l'âpreté et l'acidité de bien d'autres. Sous ce point de vue, dit M. Payen, il serait à désirer dans l'intérêt de la santé publique, que la consommation du sucre fût en France beaucoup plus considérable qu'elle ne l'est, surtout dans les campagnes, qui, en général, en consomment peu.

L'abus du sucre peut devenir fort nuisible; pris avec excès, il attaque à la longue l'émail des dents et les dispose à se gâter, il émousse l'appétit, fatigue l'estomac, irrite les intestins, provoque l'échauffement et quelquefois des inflammations. Aux États-Unis, on consomme plus de sucre que partout ailleurs ; l'Angleterre vient ensuite, puis la France, l'Italie, la Russie et l'Espagne.

On a calculé que les Américains mangeaient jusqu'à 20 kilos de sucre par tête et par an ; les Anglais 15 kilos ; les Français 5 kilos ; les Italiens 2 kilos et les autres nations environ 800 grammes.

LE SEL

L'eau de la mer renferme beaucoup de sel, puisque les savants ont trouvé que chaque litre en contenait 25 grammes. Pour le retenir, il suffirait de faire évaporer cette eau dans des chaudières ; mais ce procédé serait trop long et trop coûteux, on laisse au soleil cette besogne.

Sur les bords de la mer, on établit une série de bassins peu profonds faits avec de l'argile battue. On fait arriver par des rigoles l'eau de mer, de manière à ce qu'il n'y en ait que quelques centimètres dans chaque bassin, 8 à 10 tout au plus. Le soleil et le vent font évaporer l'eau et le

sel se prend en petits cristaux qui restent au fond
du bassin. Les *paludiers*, nom que l'on donne aux
gens qui s'occupent de cette industrie, recueillent
le sel au moyen d'une raclette et en font des tas
sur les petites chaussées qui séparent les bassins. Lorsque ces tas sont égouttés, le sel est
expédié aux endroits de consommation. Le sel
ainsi obtenu est gris, parce qu'il contient encore
un peu d'argile. Mais si l'on veut le purifier et le
blanchir, il suffit de le dissoudre dans l'eau et
de faire évaporer celle-ci dans des chaudières,
en ayant soin de ne pas pousser l'opération jusqu'à épuisement de l'eau, le sel pur surnage et
les impuretés restent au fond de la chaudière.

On ne peut fabriquer le sel qu'en été, puisque
le soleil est le principal agent de fabrication ;
aussi toutes les côtes de France, en été, devien-
nent-elles très animées et sont-elles converties en
marais salants. Les plus importants sont ceux de
la Loire-Inférieure, de la Gironde, de la Charente-
Inférieure et de la Vendée.

Le sel est l'assaisonnement par excellence ; il
relève le goût fade des viandes et des légume s
il excite l'appétit et favorise la digestion ; bien
des mets sans lui ne seraient pas mangeables.

Le sel est indispensable pour conserver les
légumes qu'on consomme l'hiver et c'est une
grande ressource pour conserver les viandes de

porc, de bœuf, etc. ainsi que les poissons : la morue, les harengs, les sardines.

Les animaux eux-mêmes aiment le sel et il est bon d'en mêler de temps en temps à leur nourriture : il excite leur appétit. Si l'on veut accoutumer des pigeons dans une nouvelle volière, on y suspend un morceau de morue qu'ils becquettent avec plaisir. Les poules recherchent le salpêtre des murs ; les oiseaux aiguisent leurs becs sur la coquille d'un mollusque appelé sèche. Le sel est employé par le cultivateur comme engrais pour les terres, et pendant les années humides, il le mélange avec le foin destiné au bétail ; ce foin acquiert ainsi une qualité, un stimulant qui le fait accepter avec plaisir par les animaux.

Le plus souvent on met dans les mangeoires des bœufs des blocs de sel appelé sel gemme, pierres que ces animaux lèchent avec délices.

Le sel gemme est trouvé dans la terre. En Espagne, il y a une montagne de sel que l'on exploite comme une carrière à ciel ouvert ; en Autriche, à Wiéliezka, depuis cinq à six cents ans, on exploite une mine de sel, si bien qu'on est arrivé à créer une véritable ville sous terre, avec maisons, magasins et chapelle même, fort curieuse à visiter. Mais le plus souvent le sel gemme se trouve mélangé avec la terre. Dans

quelques mines, après avoir creusé des galeries,
on établit une sorte de chambre, qu'on remplit
d'eau. Au bout d'un certain temps, cette eau
ayant dissous le sel des parois, s'en trouve sa-
turée. On la pompe alors et elle est répandue
lentement sur d'énormes piles de fagots disposés
exprès où elle s'évapore en partie. L'eau qui
tombe au pied des fagots est recueillie dans des
chaudières où on la fait évaporer. Le sel alors se
rassemble en grains ou cristaux réguliers. Il y a
en France des mines de sel gemme, dans les Basses-
Pyrénées et le Tarn; mais la plus importante est
celle de la Meurthe près la ville de Château-Sa-
lins, qui lui doit son nom.

LE POIVRE ET LES ÉPICES

On appelle épices une poudre composée de
poivre, de canelle, clous de girofle et muscade;
le tout moulu très-fin est employé pour la cuisine.
Le poivre est le fruit desséché d'un arbrisseau
des Indes. On le broie plus ou moins fin, suivant
qu'il est destiné à la table ou à la cuisine. Celui
dont on fait principalement usage pour les huîtres

et les diverses salades est seulement concassé, on l'appelle mignonnette. Le poivre, pour conserver toute son odeur et sa saveur, doit toujours être fraîchement moulu. C'est l'épice la plus usitée, mais en petite proportion, on l'emploie souvent seule.

Un Français, M. Poivre, importa cet arbuste dans nos colonies et notamment à l'île-Maurice. C'est pourquoi on a donné son nom au poivrier.

La muscade aussi est employée seule, mais on doit être très-modéré dans son emploi ; elle donne un goût fin et délicat, principalement aux œufs. L'arbre qui la produit, le muscadier, croît dans les parties les plus chaudes des Indes, dans les Antilles et dans l'Amérique du sud. Les fruits, gros comme des pêches, ont un noyau ressemblant à ceux des abricots, mais beaucoup plus gros. L'amande qu'il contient est ronde, sillonnée à la surface de veines jaunâtres, couverte de petites aspérités. C'est la noix muscade ou simplement muscade, qui est employée pour la cuisine.

Les clous de girofle sont les boutons peu avancés des fleurs du giroflier. Cet arbuste croît en abondance aux îles Moluques, en Océanie; mais maintenant on le cultive partout où pousse le muscadier.

Le meilleur girofle est celui qui vient des possessions hollandaises. Il se reconnaît à la forme des clous entiers, bruns, très-odorants, d'une saveur âcre et brûlante. Le girofle des autres colonies est petit, brun, moins foncé, tirant sur le rouge.

Les parfumeurs extraient du clou de girofle une huile fort odorante, qui mêlée d'alcool, constitue l'essence de girofle dont une goutte, appliquée sur une dent gâtée, en apaise la douleur.

La canelle est l'écorce d'un laurier originaire de l'île de Ceylan ; il est cultivé aussi dans le Nouveau-Monde. Cette écorce, très parfumée, est employée comme aromate pour les chocolats, les compotes, etc. On s'en sert aussi en médecine comme tonique et excitant.

Outre ces quatre espèces d'épices, il existe un autre condiment dont on se sert en cuisine : c'est la vanille. Ce fruit ressemble assez à une gousse de haricot, longue, mince; l'intérieur est garni d'une pulpe brune, qui entoure une quantité de petites graines noires. Le parfum est doux, délicat et des plus agréables. La vanille est employée pour parfumer les plats sucrés, les confitures et surtout le chocolat. Les parfumeurs s'en servent également.

En dehors des produits des îles, il faut parler aussi des plantes de nos jardins estimées comme relevant le goût d'une quantité de mets. Le persil, le cerfeuil, l'estragon, le thym, la ciboule, le romarin, viennent partout sans culture spéciale; une plante, la ciguë, poison violent, a beaucoup de rapport avec le cerfeuil ; aussi est-il prudent, en cueillant celui-ci, d'en froisser les feuilles pour le reconnaître à l'odeur.

LE PAPIER

Les Égyptiens passent pour avoir été les premiers à conserver par écrit les récits des faits glorieux de leur histoire. Ils commencèrent par inventer des signes particuliers, qu'ils gravaient sur la pierre de leurs monuments et sur des plaques de bronze.

Leurs prêtres seuls avaient le secret de cette écriture mystérieuse, que nous avons désignée du nom barbare d'hiéroglyphes ; plus tard ils trouvèrent moyen d'utiliser les roseaux qui croissent en abondance sur les bords du Nil, en collant les fibres de ces plantes sur des bandes de toile, ils formaient ainsi des rouleaux qu'ils remplissaient de leurs signes incompréhensibles, du reste, pour tout autre qu'eux-mêmes. Ces rouleaux furent appelés *papyrus* du nom des roseaux dont ils étaient formés et c'est de là que vient le nom de *papier* que nous employons.

En Asie, on prépara plus tard des peaux de veau et de mouton auxquelles on donna les noms de *parchemin* et de *vélin*. Ces produits coûtaient fort cher, mais les gens riches et la noblesse seuls en faisaient usage.

Les Japonais inventèrent, vers la même époque, un papier fait avec du chanvre et de la paille de riz ; en Espagne on en fit avec du coton et enfin en France avec du lin, ce dernier était le plus estimé.

Au moyen âge peu de personnes savaient lire et écrire ; parmi la noblesse même on rencontrait fréquemment des grands seigneurs qui ne pouvaient qu'apposer leur croix au bas des écrits les concernant. On n'étudiait que dans les cloîtres, les moines seuls étaient assez instruits ; pour écrire et enluminer ces merveilleux manuscrits qui font encore l'admiration de nos savants. Ces livres étaient fort rares, il fallait les copier, et tu peux croire que cette opération était longue et difficile.

Vers 1400, naquit à Mayence un homme qui devait s'immortaliser par la découverte de l'imprimerie. Jean Guttenberg n'était encore qu'un enfant quand il conçut l'idée de suppléer à l'écriture par des lettres en métal. Pendant dix ans il chercha sans relâche le moyen de graver et de couler en fonte des caractères mobiles. Il se ruina dans ses essais et entraîna dans sa perte trois bourgeois de Mayence qui avaient eu foi dans son génie. Il s'adressa alors à un quatrième personnage, qui, après avoir surpris son secret, en profita pour imprimer des livres qu'il vendit ensuite comme des manuscrits.

Le pauvre Guttenberg vint alors habiter Strasbourg, où il créa une nouvelle imprimerie, sous le patronage de l'évêque de cette ville, qui tint à honneur de loger notre inventeur dans son propre palais.

Il y eut bientôt des imprimeries dans toutes les grandes villes d'Europe et la cité de Strasbourg éleva sur une de ces principales places la statue de Guttenberg.

La fabrication du papier prit alors une grande importance ; on trouva le moyen d'en faire avec des chiffons. Tu me demandes comment il peut se faire que de vieux chiffons sales et de toutes couleurs, on puisse faire du beau papier blanc.

On dégraisse d'abord ces chiffons, on les soumet ensuite à des préparations chimiques qui les décolorent ; on les lave à grande eau, puis on les hache menu pour les réduire en pâte liquide. Cette pâte est versée sur une plaque en métal

ou une pierre bien unie, où elle prend au moyen
d'un châssis, l'épaisseur qu'on veut lui donner.
Ce procédé était encore trop long pour satisfaire à la consommation du papier, qui allait toujours croissant ; de nos jours les papeteries
mécaniques atteignent la même perfection tout
en accélérant la fabrication. Les chiffons sont
triés, lavés et mis en pièces au moyen de machines
spéciales. Ils fermentent dans des cuves, puis
sont de nouveau hachés, divisés et réduits en
une pâte, qui se blanchit en passant dans un bain
de chlore. Cette pâte est envoyée par une pompe
dans un réservoir d'où elle tombe sur une table
légèrement inclinée et subissant un mouvement
horizontal de va-et-vient. Là elle se trouve ainsi
avoir la même épaisseur sur toute la surface de
la table qui est chauffée par la vapeur. Arrivée
à l'extrémité la pâte a acquis assez de consistance pour s'enrouler sur un tambour garni de
flanelle, d'où elle passe sur une suite de cylindres
plus ou moins gros également chauffés où le
papier achève de se sécher.

Chaque feuille pliée et coupée par des ciseaux
mécaniques est mise en rames et livrée au commerce.

Le papier destiné à l'écriture, subit l'opération
du collage, c'est-à-dire qu'il est enduit de géla-
tine, sans quoi il boirait l'encre ; les papiers des-

tinés à être imprimés peuvent ne pas être collés.

Les meilleurs papiers ne sont faits qu'avec des chiffons de chanvre ou de lin, viennent ensuite les papiers faits avec des chiffons de laine, enfin ceux dans la pâte desquels entre le coton. Plus il y en a moins ils sont bons.

Les papiers gris dits d'emballage sont faits avec toutes sortes de chiffons et de papiers de rebut auxquels on mélange jusqu'à de la paille.

Depuis quelques années on fabrique du papier même avec du bois; le sapin est particulièrement employé à cet effet.

Après en avoir enlevé l'écorce on coupe ces arbres en bûches de cinquante centimètres environ de longueur, puis on les broye entre deux meules en pierre, analogues à celles employées pour les moulins à blé.

La pâte ainsi obtenue, n'a pas besoin d'être blanchie, on l'emploie, soit seule, soit en la mélangeant à celle de chiffons, pour faire des papiers de qualité spéciale, tels que ceux qui servent à imprimer les journaux.

TABLE DES MATIÈRES

13346. — Tours, imp. Rouillé-Ladevèze.